物种自然适应进化研究

张云飞◎著

辽宁人民出版社

图书在版编目（CIP）数据

物种自然适应进化研究 / 张云飞著 . — 沈阳 : 辽宁人民出版社 , 2024.6
ISBN 978-7-205-11064-2

Ⅰ . ①物… Ⅱ . ①张… Ⅲ . ①物种进化—研究 Ⅳ . ① Q111

中国国家版本馆 CIP 数据核字 (2024) 第 057840 号

出版发行：辽宁人民出版社
地址：沈阳市和平区十一纬路 25 号　邮编：110003
电话：024-23284325（邮　购）　024-23284300（发行部）
http://www.lnpph.com.cn
印　　刷：北京兴星伟业印刷有限公司
幅面尺寸：170mm × 240mm
印　　张：20.25
字　　数：218 千字
出版时间：2024 年 6 月第 1 版
印刷时间：2024 年 6 月第 1 次印刷
责任编辑：娄　瓴
助理编辑：辉俱含
装帧设计：候　泰
责任校对：吴艳杰
书　　号：ISBN 978-7-205-11064-2
定　　价：72.00 元

序言
Preface

本书在生态位和生存策略理论、应激响应理论、广义遗传中心法则和基因相对论等经典理论的基础上，对物种的自然适应进化过程进行深入的分析和研究，形成自然适应进化理论。

历时20多年完成了这部自然适应进化的论著，我认为生物个体的进化，更重要的是对自然环境条件的最大利用，同时也会抵制不利环境条件。利用是主要的驱动因素，正所谓“趋利避害”，这样就激活了整个进化思想。生物个体不是被动地去适应生存环境条件，而是通过应激响应过程来达到最大限度地利用生存环境条件，这就是物种个体生存策略。

种群是物种在自然界中存在的基本单元。只有种群才是真正意义上生物进化的基础单元，是能够发生进化的集合。种群的生存策略可以简单理解为种群对生态位的适应性。种群永远不会坐以待毙，而是会不断地调整生存策略，延续生命。这也是我们为何强调的是“生存策略”而不是生存选择，就是要强调生命的生存欲望和能动性，体现出一种“明智”的选择方式。

之前所有的进化理论都拎不清个体进化和种群进化的关系，过分夸大个体的作用，过于强调个体的优势，却忽略了种群的存在。这些理论强调物种个体通过基因突变产生进化，通过生存斗争夺取更多的生殖交配权，然后通过生殖遗传将基因传递给下一代，通过大量繁殖让下一代都成为强者，而其他个体将会被淘汰。这些进化理论明显地偏向个体，实属“一叶蔽目，不见太山”。

本书虽然也承认个体差异的存在，个体都存在相对的优势，物种个体会在条件适合时，最大限度地发挥这一优势；但是更强调优势个体可在种群中起到引领和模范带头作用，可以将物种个体生存策略通过多种途径传递给种群，经过争斗或协同最终上升为种群的生存策略，从而使得整个种群能够达到自然适应进化。这是本书最核心的观点。本书更强调种群的进化过程，进化发生在种群内绝大部分个体身上，而不仅仅是所谓的优势个体。

受作者学识和见解所限，本书理论的细节无法做到尽善尽美，本著作还有很多待完善的地方。期待学术界前辈和同仁们对本书的理论思想提出宝贵的见解和建议，也非常欢迎各界朋友提供学术理论上的支持和帮助。我们会不断地修改以期达到学术理论的完善和缜密，让这一学术理论充满活力和生命力。

2022 年 10 月

目录
Contents

绪　论

本书是研究生物进化的论著，在绪论中，我们首先梳理前辈们的理论，为接下来的研究打好基础。

一、拉马克的“用进废退”学说

拉马克应该说是创立生物自然进化思想的先驱。拉马克的思想理论主要体现在两个方面。

第一，他的生物自然进化思想中，明确物种是可变的。他认为生物通过环境的影响推动生物进化，发挥着对进化的促进作用。也就是生物都有谋求更加复杂化（完善）的天赋。

第二，生物的进化是通过这样的模式来完成的，即生物个体在其生存过程中，由于其生命活动受到环境的影响，各器官“使用”情况的不同造成这些器官发育上的差异，并且这种差异变化是可遗传的。这是由于动物必须不断保持与其生存生活环境氛围全面协调的缘故，当这种协调遭到破坏时，动物就通过它的行为来重新建立这种协调关系。对环境的特殊情况做出反应就会引发下列一系列事态：（1）任何种类动物的生存环境一旦发生了相当大的和连续性的变化就会引起它们的需求发生真正改变。（2）动物需求的每一变化就要求它们的行为（各种不同的动作）进行调整以满足新的需求，结果是形成了不同的习性。（3）每一新需求要求新的动作来满足，这样一来就要求动物或者较之以前更多地运用躯体的某些部分，从而发展和增强（增大）了它们；或者是运用新的部分，这些部分的需求“由于它们本身的内部感觉的作用”而不知不觉地发展了起来。所以，在世代繁衍的过程中，经常使用的器官就会产生在发育限度内不断地加强、增大的趋势。反之，则出现器官不断地萎缩而走向消失，最终导致新物种形成。这种对于器官“用进废退”的观点拉马克同时还给予了更加严密的生理学解释。可见，拉马克认为生物的进化是一个连续渐变的过程。即从历史上看物种的分界是存在的，新器官是由旧器官转化而来的，并且生物的进化都是纵向向前的。

拉马克的观点被后人概括为“用进废退”和“获得性遗传”。

二、达尔文的“自然选择”学说

达尔文《物种起源》的问世是人类历史上对生物进化现象研究最重要、影响最深远的事件。达尔文同样持有物种可变和生物进化的观点，但是他在对生物进化机制的解释上提出了不同的看法。达尔文的理论被后人称为“自然选择学说”。

自然选择学说（Nature Selection）归纳起来有以下5点。

1. 遗传：保证了物种的稳定存在，这是一个普遍特征。

2. 变异：生物界普遍存在变异。没有两个生物个体是完全相同的。实际情况是，每个种群都显示了极大的变异性。变异是随机产生的（拉马克认为是按需发生的）。变异是可遗传的。

3. 繁殖过剩：一切物种都具有如此强大的潜在繁殖能力，如果所有出生的个体又能成功地进行繁殖，则其种群的（个体）数量将按一个指数（马尔萨斯称之为按几何级数）增长。

4. 生存斗争：物种之所以不会数量激增，乃是由于生存斗争。所有的生物都处于生存斗争之中，或者与同种的个体斗争（种内斗争），或者与其他生物斗争（种间斗争），或者与环境斗争。

5. 适者生存：在生存斗争中生存下来并不是随意或偶然的，部分原因取决于生存下来的个体的遗传和变异。不同的个体在形态、生理等方面存在着不同的变异，有的变异使生物在斗争中生存下来，有的变异却使生物在斗争中不能生存。生存斗争的结果就是“适者生存”，即具有适应性变异的个体被保留下来，这就是选择。不具有适应性变异的个体被消灭，这就是淘汰。

在生物进化过程中由于存在着生存斗争，不管怎样轻微的变异，也不管由于什么原因所引起的变异，只要在一个物种的一些个体同其他生物的，以及同生活的生理条件的无限复杂关系中多少有利于它们，这些变异就会使这样的个体保存下来，并且一般会遗传给后代。后代也因此有了较好的生存机会。这是因为任何物种生育产生的许多个体，其中只有少数能够生存。另一方面，任何有害的变异，即使程度极轻微，也会严重地遭到毁灭。达尔文把这种有利的个体差异和变异的保存，以及那些有害变异的毁灭，叫作“自然选择”或“最适者生存”。“自然选择”能使子代的体形构造根据亲代发生变异，也能使亲代的构造根据子代发生变异。在社会性的动物里，自然选择能使个体的构造适应群体的利益，并且这种被选择出来的变异有利于群体。

生存斗争及适者生存的过程就是自然选择的过程。自然选择就是一个长期的、缓慢的、连续的过程。生物界是进化发展的产物。生物有共同的起源，因而表现了生命的同源性，生命延续过程中会不断地发生变异，而变异的选择和积累则是生命多样性的根源。

达尔文的自然选择学说比较容易地去解释很多“用进废退”学说难以解释的例子，而且最重要的是达尔文在“自然选择学说”中提出了三个重要的论断——“大量繁殖、遗传变异、适者生存”。把学说建立在遗传学的基础之上，有了这样的物质理论基础，也就掀开了人们对遗传物质的研究热潮，通过更多的遗传学理论来证明“自然选择学说”论断的准确性。

达尔文学说主张进化是微小突变的积累，自然选择导致的进化只能是缓慢的、渐变的过程。这种理解成功地解释了物种以下种群的进化（小进化），而在解释物种以上单元的起源（大进化）时，却遇到了困难。

三、新拉马克学说（新拉马克主义）

新拉马克主义和拉马克都是强调环境的直接影响推动进化演变。

获得性状遗传和“用进废退”有关的概念相结合，在各种新拉马克学说中占有主要地位。科普的“生长与效应定律”亦是如此。某一器官若在某一新环境条件下变得有用，那么它的生长发育就会世代促进，从而能够更好地适应环境。

在遗传物质的本质没有研究清楚之前，新拉马克主义对适应现象的解释比较直观，更能够让大多数人所接受。随着遗传学的发展，逐步将微突变及重组作为进化的遗传物质基础，彻底将软式遗传否定后，年轻的新拉马克主义者也都转向了达尔文主义。

四、直生论

直生论假设变异不会随机发生，而是指向固定目标。因此选择不起什么作用，物种自动地在控制变异的内部力量所选定的方向上产生。直生论认为进化的趋势是非适应性的。直生论认为物种并不是对环境做出被动式的回应。相反，直生论代表了一种非功利性的力量，在某些情况下，这种力量可以导致物种灭绝。

卡尔·冯·耐格里的“内部完美原则”驱使进化向非适应性目标发展的理论，是后来被称为直生论的一个例子。但是，事实上，埃默尔在19世纪90年代使这个思想得以普及。埃默尔研究了动物的体色变异，先是研究蜥蜴，后来又研究了昆虫。例如，他将蝴蝶分为不同系列，假定它们代表着进化的历程，每个系列都以同样顺序更替翅膀的颜色。这种平行关系解释了结构不相关的生物间存在的一致性，这种一致性被达尔文论者归因于拟态。埃默尔声称，在动物界中这种依次改变颜色的现象比比皆是，这显然表明进化模式是生命自身所固有的。当然，不能利用这种模式来说明所有现存的生物，埃默尔并没有肯定各种现代形态在时间顺序上对应于（进化的）不同阶段。

海厄特有关人种退化的概念已经在探讨非适应性倾向存在的证据，而且这类例子成了直生论的主要证据。通常认为，由物种内部的力量产生出直生的趋势，这种力量驱使变异朝着导致物种灭绝的方向进行。一个著名的例子是新近灭绝的“爱尔兰麋鹿”，据认为，爱尔兰麋鹿的灭绝是由于其内在的力量导致它的角过大所致。最初导致生出这么大角的趋势似乎具有某种实用性，但是其自身的驱动力使得角生长到远远超出实用的地步。

五、新达尔文主义

魏斯曼于1883年、1884年发表了他的种质连续学说和种质与体质完全并永远分离的主张。完全否定任何获得性状遗传就意味着否定一切所谓的拉马克主义、杰弗莱主义或新拉马克主义。这样一来就只剩下两种可以想象的进化机制：骤变（由于与现有模式发生突然且重大的差异而引起的进化）和在少数变异体之间进行选择。魏斯曼采纳的是毫不妥协的选择主义，后称之为新达尔文主义的进化学说。新达尔文主义可以说成是与任何软式遗传完全无关的达尔文进化学说。事实上，魏斯曼接受了达尔文学说的绝大多数其他组成部分。

软式遗传在当时被认为是个体变异性的主要源泉。魏斯曼认为剔除软式遗传就迫使进化论者“去探索这种现象的新源泉，因为选择过程完全取决于这种新源泉” 。他的细胞学知识使他能够提出最有可能提供所需要的遗传变异性的特定过程，这就是现在称为“交换”的过程。如果在配子形成（减数分裂）时没有这样的染色体重组，遗传变异（偶然性的新突变除外）将只限于亲本染色体的重新分配。与此相反，染色体重组的结果是“第二代没有彼此完全相同的个体。（在每个世代中）将出现前所未有，以后也决不会发生的组合” 。在魏斯曼以前没有任何人了解有性重组在产生遗传变异性上的这种无比威力。

魏斯曼对进化生物学具有深远的影响。他迫使每位生物学家对获得性状遗传问题表明态度。他坚持进化中只有一种定向力，即选择，这样就迫使他的对手提出支持他们的反对学说的证据。此外，由于他的富有想象力的遗传学说，他为重新发现孟德尔开拓了道路，这一事态终于解决了曾经难倒魏斯曼的进化问题。

新达尔文主义者将学说仍然建立在基因突变的基础上，对基因突变的内源进行更深刻的分析，但是在学说上回答了物种进化的基因突变的关键节点在于生殖细胞分裂，这正是前面达尔文主义学说所缺少的环节。这是对达尔文学说的一种有利的补充和发展。

六、哈代－温伯格创立的群体遗传学

哈代–温伯格根据孟德尔定律和概率规律得出了这个结论：在一个完全随机交配的群体中，如果没有其他因素（如突变、选择、迁移等）干扰时，则基因频率及3种基因型频率常保持一定，各代不变，称为遗传平衡规则。通过遗传平衡，可以维持种群基因库的稳定，从而维持生物类型的稳定。其要点是：（1）在随机交配的大群体中，如果没有其他因素的干扰，则各代基因频率保持稳定不变。（2）在任何一个大群体内，不论基因频率如何，只要一代的随机交配，这个群体就可达到平衡。（3）一个群体在平衡状态时，基因频率和基因型频率的关系是$D=p^2$，$H=2pq$，$R=q^2$。（D、H、R分别是显性纯合体、杂合体和隐性纯合体的基因型频率。p和q分别是显性基因和隐性基因的基因频率。）

七、赫胥黎的综合进化论

20世纪20年代以来，随着遗传学的发展，一些科学家用统计生物学和种群遗传学的成就重新解释达尔文的自然选择理论，通过精确地研究种群基因频率由一代到下一代的变化来阐述自然选择是如何起作用的，逐步填补了达尔文自然选择理论的某些缺陷，使达尔文理论在逻辑上趋于完善，这就是现代综合进化论。现代综合进化论的建立是由众多的遗传学家、生物学家、古生物学家共同完成的，由赫胥黎在1942年综合归纳并且定名。

综合进化论的主要内容有下面几个方面：

1. 种群是生物进化的基本单位，进化机制的研究属于群体遗传学的范围。在一个种群中能进行生殖的个体所含有的遗传信息的总和称为基因库，进化是种群基因库变化的结果。

2. 遗传和变异是选择的前提，突变为进化提供原料。基因突变提供自然选择的原始材料，没有突变，选择即无从发生作用。突变本身就是影响基因频率的一种力量。

3. 选择。选择对基因频率的改变有很重要的作用。在自然界，一个具有生命力较低基因的个体，比较高的个体的后代就要少些，它的频率自然也会减少。选择作用影响的基因频率会有以下两种效果：首先，基因频率接近0.5时选择效果最有效，大于或小于0.5时，有效度降低很快。其次，隐性基因很少时，对一个隐性基因的选择或淘汰的有效度非常低，隐性基因几乎完全在染色体中得到保护。

4. 遗传漂变。在自然界中，会把一些中性的或无任何适应价值的性状保留下来，在遗传学上称这种随机生存为遗传漂变。许多动植物种群分布范围可能很广，但是真正能够随机交配的动植物种群是很少的。动物或植物个体间的交配往往在邻近的个体间进行，生境范围比较小，容纳个体有限，因此往往不能随机交配。造成后代在基因库的变化，这种变化是不同的等位基因有漂移开来的趋向。

5. 基因迁移。种群和种群之间的隔离不是绝对的，彼此之间往往有某些个体之间的交流，当一个种群的个体迁入另一个种群中去的时候，这两个种群基因库里各种等位基因的相对频率也要发生变化。

6. 隔离是新种形成的必要条件。物种形成是生物进化的核心问题，因为整个生物界的系统发展正是由许多物种的发展组成的。而物种形成的必要条件是隔离。现代达尔文主义认为，变异、选择、隔离是物种形成的3个环节，经过地理隔离形成亚种，经过生殖隔离形成新种。

雌雄个体能通过有性生殖而实现基因的交流，促进种群基因库的变化。一个种群以上水平的进化称为大进化，一个种群或一个物种基因频率的变化称为微进化。

综合进化论对于自然选择理论进行完善和综合，其中对于“彷徨”性状的表达，这里用遗传漂变来进行解释，并且对于前面疑问的物种个体获得的变异性状是如何传递给整个种群的，综合进化论用基因迁移来进行解释，对自然选择的“适者生存”进行了中性化处理，可以说是对自然选择学说的一种更全面、更合理的补充和综合。

八、间断平衡论

尼尔斯·埃尔德里奇和斯蒂芬·杰·古尔德在他们的文章中首次提出了间断平衡的模型。间断平衡论的基本论点的基础是运用了恩斯特·迈尔提出的一个正统的达尔文主义思想：物种的形成是通过“外周隔离”的群体与原种的分离而进行的。这个理论认为，当位于原种分布最边缘的少数群体隔离时，最容易形成新的物种。这种环境的极端性，以及小的群体规模，确保了新的性状以很快的速度进化。这种发展可能经历了数万年，所谓“迅速”是从地质学的角度而言，如果按照实验遗传学的标准看，时间是够长的。因为这种事件发生的速度很快，而且仅限于变化群体所在的狭小区域，因此在化石记录中不可能留下什么进化过程的痕迹。在某些情形下，按这种方式产生的新物种有可能重新进入原先由其亲种所占据的区域，而且会更适应那里的环境。新物种会很快替代亲种系，并向更广的区域扩散，如果新物种存在的时间足够长，便会留下化石遗迹。这样，在化石记录中新的物种显得是突然出现的，好像新的物种与亲种没有联系似的。

九、木村次生的中性突变进化学说

这种理论认为突变不能区分有利或有害突变，而是不好也不坏的中性突变。因此，自然选择对表现型水平上的进化虽然有作用，但对分子水平上的进化却不是由于自然选择。分子水平的进化是由于基因不断地产生中性突变，并通过随机漂变而在群体中消失或固定。具体观点如下。

1. 突变大部分是“中性”的，即这种突变不会影响核酸蛋白质功能，对生物个体的生存既无害处也无好处。

2. “中性突变”通过随机的遗传漂变在群体里固定下来，在分子水平进化上自然选择不起作用。

3. 进化的速率由中性突变的速率所决定，也就是由核苷酸和氨基酸的置换率所决定。它对所有的生物几乎都是恒定的。

对于基因的产生，中性进化学说认为现存的功能基因对生存是不可缺少的，所以新基因的出现不能靠原有基因的突变，而是在于基因预先发生重复。同样的基因复制成为两个，一个维持生物的生存，另一个将成为中性的，就能蓄积突变，将来或进化为适应新环境条件的具有新功能的基因，或成为遗传上非活化的顺序保存在细胞核中。这对于现代遗传学中遗传物质中大量内含子的存在提供了一种解释，对于基因的“增加”能够较好地解释。

十、协同进化论

埃利希和雷文在讨论植物与植食性昆虫相互作用对进化的影响时最早提出协同进化的概念，而严格地被广泛引用的协同进化的定义直至1980年才由扬岑给出，即一个物种的某一特性由于回应另一物种的某一特性而进化，而后者的该特性也同样由于回应前者的特性而进化。这一概念以及由它衍生出的其他概念（如协调适应、协调特化等）必须是在描述相互作用的双方都发生进化的情况下才可以使用。

由于生物个体的进化过程是在其环境的选择压力下进行的，而环境不仅包括非生物因素也包括其他生物。因此，一个物种的进化必然会改变作用于其他的生物的选择压力，引起其他生物也发生变化，这些变化又反过来引起相关物种的进一步变化，在很多情况下两个或更多的物种单独进化常常会相互影响形成一个相互作用的协同适应系统。

实际上，广义的协同进化可以发生在不同的生物学层次：可以体现在分子水平上DNA和蛋白质序列的协同突变，也可以体现在宏观水平上物种形态性状、行为等的协同进化。协同进化的核心是选择压力来自生物界（分子水平到物种水平），而不是非生物界选择压力（比如气候变化等）。

协同进化过程为研究物种进化提出一个动态研究理论方法，物种进化过程并不是静态的，而是会受到周围自然环境条件或生存条件的作用，从而形成物种间的协同进化作用，而且这种协同作用是动态变化的。

总结上面的进化学说，每种学说都有一定的进步意义，都有一定的科学价值，不可能完全被其他理论所否定。这些进化理论主要是由于看待进化过程的侧重点或出发点不同，形成不同的思想理论，就好像盲人摸象，每个人说的都是正确的，但都有局限性，无法形成一种通用的理论。每种理论间都是相互有益的补充，对于解释某些现象或学科理论具有较完善的观点，但是都不能向更广泛的领域扩展开来，都不能形成一个系统的物种进化理论，无法形成一个具有普遍意义的进化理论。因此，这些进化理论具有先天的缺陷和不足。

十一、物种自然适应进化理论

自然适应进化假说融合了生态位理论、广义遗传中心法则和基因相对论、应激响应理论、生存策略理论等基础理论知识，每个理论都是一块基石，都可为自然适应进化理论做铺垫。

1. 生态位理论

生态位是种群在一定的时间、空间生存所需要依赖的所有环境因素条件的综合。生态位包括自然环境因素和生态因素两类主要的影响因素。生态位是种群生存和进化的物质基础，特定的生态位中会生存着多个不同物种的种群，他们共享同一生态位资源。自然环境因素是客观的物理因素。生态因素是种群内部或种群与处于同一生态位下的其他种群间的相互关系。生态位也可以解释成某一物种种群在生态系统中所占据的位置和所能够利用的一切资源。生态位是生态系统的一个子集，所有种群和其所占有的生态位的有机结合和相互作用就构成了生态系统。

生态位的变化包括生态位遏制、生态位释放、生态位分化、生态位扩展、生态位隔离等。生态位的遏制作用促使种群只能保持一定的数量和密度，生态位释放会让种群通过大量繁殖快速占领空出的生态位空间。

生态位因子是指生态位中可以分隔成为独立起作用的要素。如阳光、雨水、雷、电等。这是为了研究方便而人为地进行分隔识别，目的在于研究动植物与主要的生态位因子之间的关系，所以不用过分地强调生态位因子的独立性或功能性。事实上，大多数情况下生态位因子都是相互联系、相互作用的，很难从物理上进行分隔。

种群是指某一物种生存在某一特定生态位环境中的所有个体的有机组合。种群的特点在于有共同的基因库、性状高度相同、个体间有交流等。两性生殖是维系种群关系的纽带。种群是物种在自然界中存在的基本单元。只有种群才是真正意义上生物进化的基础单元，是能够发生进化的集合。所以，生物进化都是发生在种群层面上的。

种群对生态位的变化也会引起自身变化，如种群数量、种内争斗、年龄结构和种群秩序等的变化。

2. 遗传理论

将逆转录补充到经典遗传中心法则中就会形成广义遗传中心法则。前面介绍过蛋白质也是一种遗传物质，朊病毒就是一个例子，此外蛋白质还介导了动物的很多应激响应过程，并没有DNA或RNA遗传物质的参与。在某些特定条件下，蛋白质在生物酶的作用下通过逆转录过程合成遗传物质RNA，再由RNA逆转录到DNA中。那么就可以将遗传中心法则扩展成为广义遗传中心法则。

基因相对论只是对基因绝对论理论的补充。关键性、决定性的性状表达需要由基因绝对论进行控制完成，达到所谓的“龙生龙，凤生凤”。

3. 应激响应理论

应激响应过程是指物种个体在生态位因子的激发下，感受器官接收激发信号输入，通过体液、神经系统或神经体液的逐级诱导应答响应过程，促使效应器官产生应激反应，应激反应对相应的生态位因子形成利用或抵制作用。应激响应会形成一个主要的应激响应通路。

4. 生存策略理论

物种个体的生存策略是指一个或多个应激响应过程所产生的应激反应能够形成协同作用，从而实现自身的器官组织对一个或多个生态位因子的利用或抵制作用。这是物种个体生存策略的完整定义，这里可以看出物种个体的生存策略会有一个或多个应激响应通路。物种个体的生存策略是一种反馈调节过程，其中最主要的是负反馈形式。从遗传学角度看，物种个体的生存策略是一个或多个基因参与的性状表达的过程。总结为，生存策略就是要利用自身的器官组织实现利用有利的生态位因子，而抵制不利的生态位因子，简化为趋利避害。

种群的生存策略是指生态位变化引起种群的变化，种群的变化又会形成对生态位的新的适应，始终保持种群对生态位的适应性稳态。种群的生存策略的实施边界就在于生态位，正是由于生态位的遏制作用，将种群生存策略限制在能够有效适应的特定范围内，而不会无限扩张。

5. 自然适应进化理论

物种个体的进化过程也是一种应激响应过程，是通过不断尝试和负反馈相结合来形成稳态的应激响应通路的过程，直到能够让自身的器官组织和生理功能形成应激反应，实现应激反应对生态位因子的有效利用或抵制作用。进化过程是物种个体生存策略的获得或更新过程。在进化过程中，所有构成应激响应的要素都可能会发生变化，包括感受器官、应激响应物质、遗传物质、应激响应通路、效应器官及其产生的应激反应等。

物种个体生存策略的获得过程就是进化。在生存策略形成过程中细胞内信号转导过程会使遗传物质逆转录，使蛋白质传递到遗传物质中形成遗传物质的积累，这样就能够将获得的性状通过稳定遗传过程直接传递给后代，让后代直接获得对生态位因子的利用或抵制能力。

物种个体的进化过程是在上一代性状精准遗传基础之上，缓慢连续不断地进行增殖、修补的性状积累过程，决不是推翻重来那种剧烈式、跳跃式的进化过程。所以，物种个体的进化过程，只是在上一代的性状基础上的有限进化。性状积累过程同时必然伴随着遗传物质的积累过程（或称遗传物质逆转录过程）。这就形成了遗传物质积累和性状积累的滚动式前进、螺旋式上升的生物进化过程。物种进化的边界在于自身器官组织本身的局限性和特殊性，只能在已有器官组织基础上进行进化，而不会发生飞跃。物种进化的激发和遏制作用来自生态位因子，正是由于生态位因子的边界存在，物种进化只能够最大限度地有效利用或抵制生态位因子，而不能够超越生态位因子的有效范围。简单地总结为，进化源于自然，但不能超越自然。

种群的进化过程归纳为：由于物种个体差异的存在，当生态位因子发生变化后，优势个体会首先产生应激响应过程，形成个体的生存策略；优势个体会将这一生存策略通过传递途径向整个种群进行传递和扩散，诱导其他个体也产生应激响应过程，获得相同的生存策略；这部分个体随之会产生新的器官组织和生理功能；随着时间推移和规模扩大，个体的生存策略最终会上升为种群的生存策略；这部分个体会通过逆转录过程获得新基因，并将新基因融入种群基因库中，再通过生殖遗传过程将新基因传递给后代；后代将直接产生新的器官组织和生理功能，实现对生态位因子的利用或抵制作用，也就直接获得了生存策略。最终达到种群对生态位的适应性稳态。

简而言之，物种自然适应进化论重在“生存策略传递”和“获得性遗传”这两个核心观点。

在正常的生态位条件下，种群内由于生态位遏制作用导致进化过程非常缓慢，其中自然环境的变化过程具有一定的规律性、连续性，这也为种群适应这种变化过程提供了充足的时间。种群会连续缓慢地产生生存策略过程，促使种群向适应生态位环境的方向进化。这种进化过程在生物学中被称为小进化。

如果发生重大的自然环境变化或地质变化，甚至是生态灾难，由于每种生物所能够占有的生态位发生逆转，一些物种不能适应这种变化的生存环境，不管其遭受灭绝，还是逃离，都会释放出大量的生态位空间，就会有更多的其他生物加速进行生态位扩展。这时，物种的进化速度突然加速，大量繁殖在这种情况下会出现大量存活的可能。每种生物都想用最快的速度占领“空余”出来的生态位，最终达到新的生态系统平衡，生物间形成新的生态位遏制作用。这就是大进化过程。

这是自然适应进化与古典进化学说关于大进化和小进化问题的不同观点，自然适应进化更强调物种间的生态位遏制作用，保持生态系统的动态平衡。

第一篇

生态位和种群

生态位（Ecological Position），是种群在一定的时间、空间生存所需要依赖的所有环境因素条件的综合。生态位包括自然环境因素和生态因素两类主要的影响因素。生态位是种群生存和进化的物质基础，特定的生态位中会生存着多个不同物种的种群，它们共享同一生态位空间。自然环境因素是客观的物理因素。生态因素是种群内部或种群与处于同一生态位下的其他种群的相互关系。

生态位因子是指生态位中可以分隔成为独立起作用的要素。如阳光、雨水、雷、电等。这是为了研究方便而人为地进行分隔识别，目的在于研究动植物与主要的生态位因子之间的关系，所以不用过分地强调生态位因子的独立性或功能性。事实上，大多数情况下生态位因子都是相互联系、相互作用的，很难从物理上进行分隔。

物种个体是指具有特定器官组织和生理功能的物种种群中的一个独立生命体。物种个体具有特定的生理特征，能够利用自身器官组织完成特定的生理功能。

种群是指某一物种生存在某一特定生态位环境中的所有个体的有机组合。种群的特点在于有共同的基因库、性状高度相同、个体间有交流等。两性生殖是维系种群关系的纽带。种群是物种在自然界中存在的基本单元。只有种群才是真正意义上生物进化的基础单元，是能够发生进化的集合。所以，生物进化主要发生在种群层面上。

把生态位和处于同一生态位下的各类种群的组合称为群落。在自然界，任何生物种群都不是孤立存在的，它们总是通过能量和物质的交换与其生存的生态位不可分割地相互联系、相互作用着，共同形成一个统一的整体，这样的整体就是生态系统。不同物种的种群能够共同适应和分享同一生态位，并能保持相对的稳态过程，这就是生态平衡。

生态位也可以解释成某一物种种群在生态系统中所占据的位置和所能够利用的一切资源。生态位是生态系统的一个子集，所有种群和其所占有的生态位的有机结合和相互作用就构成了生态系统。

这里要提出生物学的基本发展规律：稳态是相对的，变化是永恒的，差异是必然的。

稳态是生物生存生活所具有的重要特性。细胞、器官、个体、种群和生态系统都具有相对稳态的特性，同时又在不断的永恒运动变化中。在变化中又能够形成新的相对稳态。另一基本发展规律指出差异是必然的，无论是细胞、器官、个体和种群，都会产生不同的差异性，比如细胞分化就是形成有差异性的不同功能的细胞；不同的器官组织自然呈现出差异性的结构特点，具有不同的生理功能；个体的差异更加明显，最明显的差异莫过于雌雄的差异性，老幼成年的差异性。

当能量和物质的输入、输出或流通在一定范围内发生改变时，系统各组分发生变化而产生自我调节，使系统恢复稳态或达到另一种新的稳态。在稳态的获得和保持过程中，负反馈调节是共同的也是基本的作用机制。

第一章　生态位稳态和变化

第一节　生态位和生态位因子

生态位（Ecological position），是种群在一定的时间、空间生存所需要依赖的所有环境因素条件的综合。生态位包括自然环境因素和生态因素两类主要的影响因素。生态位是种群生存和进化的物质基础，特定的生态位中会生存着多个不同物种的种群，它们共享同一生态位空间。自然环境因素是客观的物理因素。生态因素是种群内部或种群与处于同一生态位下的其他种群的相互关系。

生态位因子是指生态位中可以分隔成为独立起作用的要素。如阳光、雨水、雷、电等。这是为了研究方便而人为地进行分隔识别，目的在于研究动植物与主要的生态位因子之间的关系，所以不用过分地强调生态位因子的独立性或功能性。事实上，大多数情况下生态位因子都是相互联系、相互作用的，很难从物理上进行分隔。

生态位包括自然环境因素和生态因素两类主要的影响因素。

一、自然环境稳态和变化

自然环境是生态位因子中具有决定性的要素。自然环境因素是不会按照生物的意志而变化的客观存在。自然环境是完全依存于地球这个客体的，在地球客体内存在的物理、化学、地质、自然作用就构成了生物生存的客观影响条件。自然环境归纳起来主要分为两大类：地理环境和气候条件，还可以细分出来一些具体的生态位因子。

1. 地理环境

（1）地理环境。从距地球表面23千米的高空，到地表以下11千米的深处（太平洋最深的海槽），都属于生物地理环境。

地理环境可分为海洋环境、淡水环境和陆地环境。而海洋环境依照水体的深浅、运动状态等特性，可分为海岸带（岩石岸、沙岸）、浅海带（大陆架）、远洋带（远洋表层、远洋中层、远洋深层、远洋底层）；而淡水环境也可分为河、沟、渠、湖、水库、池、江、溪等；对于陆地环境根据植被类型和地貌不同，可分为森林（温带针叶林、落叶阔叶林、常绿阔叶林、热带雨林）、高山、极地、草原、荒漠、冻原等。

（2）地质条件。地质条件指地球某一区域的土壤地质条件，主要体现在物理属性、化学属性、营养状态等，如土壤的深度、质地、母质、容重、松散度、pH、盐碱度及肥力等。

土壤温度是地理活动和太阳辐射的共同结果。土壤类型不同有不同的导热率和热容量。较高的土壤温度有利于土壤微生物活动，促进土壤营养分解和植物生长，动物可以利用土壤温度避开不利环境、进行冬眠等。

土壤水分直接影响物质转化、有机物分解、各种盐类溶解。水分过多使营养物质流失，还引起厌氧性微生物缺氧分解，产生大量还原物和有机酸，抑制植物根系生长。土壤水分不足不能满足植物代谢需要，产生旱灾，同时使好气性微生物氧化作用加强，有机质无效消耗加剧。

土壤中空气含量和成分也影响土壤生物的生长状况，土壤结构决定其通气性，其中二氧化碳含量与土壤有机物含量直接相关，土壤二氧化碳直接参与植物地上部分的光合作用。

土壤的质地和结构与土壤中的水分、空气和温度状况有密切关系，并直接或间接地影响着植物和土壤动物的生活。黏土类土壤质地黏重，结构紧密，保水保肥能力强，但孔隙小，通气透水性能差，温时黏干时硬；壤土类土壤的质地比较均匀，土壤既不太松也不太黏，通气透水性能良好且有一定的保水保肥能力；沙土类土壤黏性小，孔隙多，通气透水性强，蓄水和保肥能力差，土壤温度变化剧烈。这些土质会适合不同的植物生长，也会形成不同的长势。

（3）地形条件。地形条件指地球某一区域的地表特征，如海拔、坡度、山脉、地形起伏、坡向及高度等地形特点。

2. 气候条件

气候条件的形成是由于地球自转和公转及月相变化形成的，使得地球上的光、温、潮汐呈现周期性（日、月、季节）变化的特点；由此进一步形成不同的气候带，如温带、热带等，与不同的地理环境共同作用，对生物物种的分布起到决定作用。

不同的地理条件下会有不同的气候条件，形成不同的气候区，如热带多雨气候区、干旱气候区、温暖气候区、北方寒冷气候区、高原气候区和极地气候区等。

一般所处地域越狭窄，气候特征越具体、越明显。例如中国幅员辽阔，北方地区属于半干旱气候，南方地区大多湿热多雨。在同一省份不同地区也会有不同的气候特征，这样便会对物种分布和物种多样性形成直接的促进作用。

不同的大陆、不同的地区、不同的气候区就会形成一定的生物群落型。由地球气候因素和地理位置为主要控制因素，地球上形成以下几种主要的生物群落类型，如热带雨林、稀树草原、荒漠、极地冰原、浓密常绿阔叶灌丛、温带草原、温带落叶林、针叶林、北极和高山冰原等大陆生物群落及淡水生物群落和海洋生物群落等水域生物群落。而淡水生物群落还包括湖泊、池塘、江河和溪流等。海洋生物群落也包括入海河口、潮间带、大洋开阔海区和珊瑚礁等。

水域生物群落的生物组成主要取决于水的深度、阳光射入的深度（随透明度而不同）、到岸边的距离、水体的营养盐浓度、洋流的方向与温度和特殊的海底地貌与结构等因素。

这些自然环境并不是单独地对生物生存起作用，往往是多种因素交织在一起起作用。地理环境条件是最直接、最主要的决定因素，不仅影响着生物生存生活所面临的气候因素，而且还直接影响着生物物种的进化和分布。

研究生物的进化，那么就必须要有历史的、变化的观念，这样才能比较准确地考证物种进化的历程。地理条件随着地质年代也在发生着缓慢的变化，也会促使气候条件不断地变化。比如某个山脉山体受到地壳运动而抬高到了一定海拔高度后就会产生大量积雪，那么积雪的融化必然会产生溪流，众多的溪流汇集便会产生河流，在河流流经的区域就会形成一定的气候条件，包括季节更替、温度、湿度、风、雨、雷、电等，从而促进水资源的天然循环。有了充足的水源就会为植物的生长提供物质保障。在有了植物的分布后就会有低等动物的依附存在。有了低等动物的生存会吸引高等动物来这里生息繁衍。这样便会形成稳定的物种分布群落，成为一个完善的生态系统。所以，研究事物一定要坚持种群和生态位相互促进、相互作用下不断地变化且最终能够保持相对稳态的动态变化观念。

下面分别将自然环境下的不同生态位因子单独拿出来进行研究，以研究这些因子对物种生存的影响作用程度。

（1）温度生态位因子。温度是在空间上随海拔高度、纬度以及生态系统的垂直高度而变化；在时间上它有一天的昼夜变化和一年的四季变化。

生物体内的新陈代谢过程必须在一定的温度范围内才能正常运行。这是因为生物的生命活动是由一系列生理生化反应过程构成的，而每一生化反应都有酶系统的参与，酶的活性高低与温度存在密切的关系。

低温对生物分布的限制作用更为明显，对植物和变温动物来说，决定其水平分布界线和垂直分布上限的主要因素就是低温。

所以，这些生物的分布界线有时非常清楚。例如，香蕉分布的界线是北纬24度40分，海拔高度上限是960米。温度对恒温动物分布的直接限制较小，但也常通过影响其他生态因素（如食物）而间接影响其分布。

（2）水生态位因子。水的形态有水、雨、雪、霜、雾、冰等，还有水会涵养到土壤、大气、生物体中。大型承载水体有天空中的云、雨水，高山上的积雪和冰川，还有海洋、河、沟、渠、湖、水库、池、江、溪等。

水是一直处于不断的循环和变化中的，水的形态在不断地变化，如积云、降雨、降雪、降霜、起雾、结冰；水还处在不断的温度变化中，如积雪消融成水，海洋结成冰川或冰盖，水体会随气温和光照变化而变化。还有水在不断流动变化中，雪山消融成水，水汇流成河，河水流入大海，海洋有洋流。水还会在光照、气压、季风、月球引力、地理落差等作用下产生动态变化，如蒸发、海浪、海啸、水龙卷、涡流、旋涡、湍流、瀑布等。

水是任何生物体都不可缺少的重要组成部分。水也是生物代谢过程中的重要原料，呼吸作用、光合作用、有机物合成与分解过程中都有水分子的参与。

生物的新陈代谢是以水为介质进行的，水是很好的溶剂，对许多化合物有水解和电离作用，许多化学元素都是在水溶液的状态下被生物吸收和转移的，生命活动的营养物质运输、代谢物运送、废物排出、激素传递都与水密切相关。水分不足会导致生理上的不协调，正常生理被破坏，甚至引起死亡。

（3）光生态位因子。光是地球上所有生物赖以生存的能量来源。太阳的光照时间、辐射强度、光谱成分及其周期性变化对生物的生长发育和地理分布都具有决定性作用。

（4）风生态位因子。不同大气气候条件下所产生的风也会对生物产生一定的影响作用。比如下面几种作用。

①风的输送作用。小尺度内空气的流动带动热量、水汽、二氧化碳及氧气等的输送，从而使这些条件重新组合、分布，改变环境的小气候条件，间接影响生物的生长发育。在植物群体内，风能增加土壤和植物水分蒸发、蒸腾，调节温度和湿度，促进叶片周围二氧化碳的供应。风能促进动物体表散热，更新空气。大尺度空间中风使空气交换加强，促进地面热量交换，对降水、水分蒸发、温度及湿度有调节作用。

②风可作为传媒。许多禾本作物和森林树种的传粉是靠风作为传媒的。这些植物进化中形成了依靠风作为传媒传播花粉和种子的形态特征，这类植物花的数量很多，一般色泽并不鲜艳，花粉小，数量很大。

③风影响动物的行为活动。动物的取食、迁移、分布等行为常受风的影响。如大风天气伴随低温时可抑制昆虫起飞，弱风则有激发昆虫起飞的作用。昆虫迁飞的运行则主要靠风力，迁飞昆虫飞越边界层后主要依赖上空水平气流的运载而迁飞到远处，其方向和速度都和当时上空的风向、风速相一致。

3. 无机物

（1）碳。碳对生物和生态系统的重要性仅次于水。碳是生物体重要组成成分，它构成生物体质量（干重）的49%，也是大气的组成成分之一，如CO_2、CH_4，与全球气候联系密切。

碳循环的基本路线是从大气储存库到植物和动物，再从动植物通向分解者，最后又回到大气中。除了大气以外，碳的另一个储存库是海洋。海洋是一个重要的储存库，它的含碳量是大气含碳量的50倍。

（2）氮。氮是组成核酸、蛋白质、氨基酸的主要成分，是构成生物有机体的重要元素之一。氮的主要储存库是大气。

氮主要是通过一些具有固氮酶的特殊微生物类群来完成的。如固氮菌，蓝、绿藻，根瘤菌等，它们在固氮酶的作用下，能把分子态氮激活而生成氨，氨再氧化成亚硝酸和硝酸盐供植物吸收利用。

二、生态环境因子稳态和变化

生态环境因子是种群内及与处于同一生态位下的其他种群的相互关系。

1. 食物

土壤养分是由土壤提供的植物生长所必需的营养元素。土壤中有能直接或经转化后被植物根系吸收的矿物质营养成分，包括镁、硫、氮、铁、磷、钾、钙、硼、锰、钼、锌、铜和氯等13种元素。

所有的绿色植物，通过叶绿素吸收太阳光进行光合作用，把从土壤养分中摄取的无机物质合成为有机物质，并将太阳光能转化为化学能贮存在有机物质中，为地球上其他一切生物提供得以生存的食物。它们是有机物质的最初制造者，是自养生物。

食草动物类以绿色植物类作为食物来源。

食肉动物类多以食草动物类、植物或海洋生物作为食物来源。

对于原生动物类如细菌、真菌等分解者，它们依靠分解动植物的排泄物和死亡的有机残体取得能量和营养物质，同时把复杂的有机物降解为简单的无机化合物或元素，归还到环境中，被生产者有机体再次利用，所以它们又称为还原者有机体。分解者有机体广泛分布于生态系统中，时刻不停地促使自然界的物质发生循环。

2. 捕食者

食肉动物类，多以其他动物或植物作为主要食物来源。陆地食肉动物有熊、狮、虎、豹等，海洋食肉动物有抹香鲸、大白鲨、海豚、巨型章鱼等，天空食肉动物有金雕、猫头鹰等。

3. 种间关系

同一生态位下的不同种群间关系最主要是利用对方或相互利用的关系，这是对一方或双方有利的生存策略。种间关系有下面几种形式，如共栖、互惠、寄生、抗生、类寄生、共生、竞争、协同、互抗、中性、集群等。

4. 种内关系

种群内部的争斗或协作因不同的物种种群激烈程度也不尽相

同，但是长期的种内争斗或互相协作会使得物种内形成一定的规则，种群内个体都遵从这一规则就会形成一定的秩序。动物界的不同物种种群间的规则完全不同，但规则建立的基础有所雷同，主要是种群内个体间的互相利用关系。互利应该说是秩序的最核心支柱，只有互利才能形成群体间的规则，种群才能够达到一种特定的秩序。

种内争斗是指对于食物、领地、地位和繁殖权的争夺。

种内协作一般都会促进形成社群关系。社群的稳定秩序就在于规则的执行程度，如果种内或种间的成员都能够遵守，那么这种社群就能够保持相对的稳定，像蚂蚁、蜜蜂等；但如果规则只是在某些时期被遵守，那么这个社群也只能在这个时期保持相对的稳定，在其他时期就会混乱和无序，如大象只有在繁殖时节时雌性和雄性才会聚集在一起。

5. 群落

把处于同一生态位下的各类种群的组合称为群落。

在一定生态位中各种生物种群组合在一起形成群落，群落是生物与自然环境相互作用的一个有机整体。生物群落具有以下特征，具有一定的种类组成、稳态结构、变化特征、分布范围、群落边界特征等。

6. 生态系统

生态系统就是在一定地区内，生物和它们的生态位之间进行着连续的能量和物质交换所形成的一个生态学功能单位。

不同物种的种群能够共同适应和共同利用同一生态位，并能保持相对的稳态过程，这就是生态平衡。

认识生态系统必须用唯物的、历史的、发展的观点来考察，在任何地域内的生态系统都是经过成千上百万年演化而来的。我们今天视界中所能看到的是已经定型的生态系统，对于整个地球物种进化过程来说只不过像是电影中的几个情节片断。要想了解整个过程就必须用动态的、发展的观点来认识事物。

第二节　生态位稳态和变化

生态位因子是处于不断变化之中的，如地质变化、气候变化、一年四季的变化、一日温度和阳光直射的变化等；生态位因子的变化呈现千变万化，有时是线性变化、有时是函数曲线变化、有时是微分形式变化、有时是积分形式变化、有时是不规则变化、有时是规律变化等，不同的生态位因子有不同的变化形式，不一而足。

任何种群所占据的生态位都是处于不断变化之中的，但是从一个时间段来考察会形成一种相对的生态位稳态过程。生态位遏制是一种生态位稳态过程；生态位释放、生态位分化、生态位扩展、生态位隔离是生态位变化过程，经过长期进化适应仍然会重新达到生态位遏制，形成一种新的生态位稳态。

生态位压力是用来量化生态位稳态和变化的指数。对于生态位遏制作用也可以用生态位压力来量化，呈现生态位压力的最大值。如果遇到生态位释放、生态位分化、生态位扩展和生态位隔离等生态位变化因素，生态位压力会明显减弱，如生态位释放或扩展只具有最小的生态位压力。生态位分化和生态位隔离使得种群感受到生态位压力在逐渐减小，获取生存资源比之前生态位遏制时期容易了很多。

一、生态位遏制

生态位遏制作用是种群发展最主要的制约因素，每个物种种群每天每时每刻都会受到生态位遏制的制约。物种种群都有扩展生态位的强烈欲望，但残酷的现实是，种群必然会受到来自生态位因子的遏制作用，正是这两种力量的制衡作用才形成了一种相对的稳态，种群只能占有和适应一定的生态位空间，得以让种群生存和发展。生态位遏制是各种生态位因子综合作用产生的结果，其中最主要的因素是食物和养分。物种都有大量繁殖的能力，但是最终能够存活下来的却是少数，原因就在于生态位遏制作用机制，特别是食物和养分的遏制作用是最主要的影响因素，所以任何物种都不可能大量繁殖后大量存活下来。除非发生生态位扩展或生态位释放，才有可能在大量繁殖后大量存活下来。

对于植物而言，主要的生态位遏制因子是水分和养分。对于食草动物类而言，最主要的生态位遏制因子是食物和水，其次是种内争斗——特别是对于食物和繁殖权的争夺，再次才是与捕食者的生存斗争。食草动物种群数量与食物来源是正相关关系，当水草茂盛的季节，食草动物会进行生育繁殖和养育后代，同时自然死亡率也会下降；但是当水草干枯的季节来临，种群内会有大量个体出现被饿死或被猎食动物捕食的情况，也会出现传染性疾病等，导致种群数量减少。

对于捕食者和分解者而言，最主要的生态位遏制因子还是食物来源，其次是种内争斗——主要是对于食物、领地、地位和繁殖权的争夺。捕食者会受到被捕食者的遏制作用。下面以鹰捕食鼠为例来说明，在水草丰富的季节，鼠类动物获取食物比较容易，这样进食时间和离开洞穴时间会大大缩短，鼠类会在这一季节多次进行繁殖和养育后代，种群数量会增加，但是对于捕食者，如鹰或猫头鹰捕食成功的概率却大大降低，因为鼠类曝露时间短且逃回洞穴所需时间缩短，还有绿色植物类作为遮蔽掩护，留给捕食者的可利用机会大大降低。捕食者没法获取充足的食物，就会遏制捕食者的繁殖。鹰类等捕食者一般会选择在水草食物相对匮乏的季节来繁殖后代，如夏初或晚秋，这是因为这个季节鼠类的食物来源还比较匮乏，加上鼠类种群数量已经大量增加，可食用食物相对较少，需要长时间离开洞穴寻找食物，且离开洞穴距离也会越来越远，并且作为遮蔽掩护的绿色植物类也并不茂盛。这时鹰类捕食会相对容易，食物丰富就更适合哺育后代。所以，食物链关系传导会有一定的滞后性。

生态位因子的变化，会引起植物类的生长发育的变化，同时也会传导影响到食草动物的食物获取和生育变化，也会传导影响到食肉动物的食物获取和生育变化，依次在食物链上进行逐级传导，同时各物种的种群数量和密度等也会处于不断变化之中，但是从某一时间段来观察仍然会处于一种相对稳态中。

可以看到，同一生态位下的不同种群间的生态位遏制作用是相互的，任何生物都不会是永远的强者，原因正在于不管物种的体形多大，都是从单细胞开始生长发育的，体形是由小到大逐渐成长发育的，所以生态位遏制作用也会在动态变化中。比如高大的乔木会遏制周围草本的生长，这样乔木占有的生态位较大，草本是没有任何竞争优势的，但是乔木的种子从土壤中生长发育时，比起草本的生长速度和体形完全处于劣势，会受到草本的生态位遏制；由于草本的分布更密、更广，这样也会遏制乔木的分布范围。除非乔木的种子在草本较少的空间或通过生长发育时间差得以迅速地生长发育，一旦乔木的幼苗长大，就能和草本产生相互竞争，生态位互相遏制，直到乔木苗长到更大的时候，开始完全逆转这种局面，又会形成对草本的单向生态位遏制作用，直到将草本挤出自己的地盘。

地球上的各种生物普遍具有很强的繁殖能力，都有几何级比率增长的倾向，正是达尔文所说的大量繁殖或繁殖过剩。例如，大象是一种繁殖很慢的动物，但是如果每一头雌象一生（30—90岁）产仔6头，每头活到100岁，而且都能进行繁殖的话，那么到750年以后，一对象的后代就可达到1 900万头。但事实上，几亿年来，象的数量也从没有增加到那样多，自然界里很多生物的繁殖能力都远远超过了象的繁殖能力，但各种生物的数量在一定时期内都保持相对的稳定状态，这就是生态位遏制作用，包括自然环境条件、食物源、水源、种群、捕食者、意外死亡等各种因素遏制这种繁殖规模和种群数量。

所以，如果一个物种种群占据了一种稳定的生态位，那么该物种只能在这种生态位遏制作用下不断地适应求得生存发展，如果想改变这种生态位，就会遭受生态位因子包括食物、其他种群等形成的巨大阻碍。

二、生态位释放

如果发生重大的自然环境变化或地质变化，甚至是生态灾难，由于每种生物所能够占有的生态位发生逆转，一些物种不能适应这种变化的生存环境，不管其遭受灭绝，还是逃离，都会释放出大量的生态位空间，会有更多的生物加速进行生态位扩展，这时，物种的进化速度突然加快，大量繁殖在这种情况下会出现大量存活的可能，每种生物都想用最快的速度占领“空余”出来的生态位，最终达到新的生态系统平衡，生物间形成新的生态位遏制作用。

比如恐龙灭绝，释放出所占的生态位，这让哺乳动物有了更大的生态位空间，引起哺乳动物大量繁殖并能大量存活和快速进化，通过生态位扩展抢夺有利的生态位空间和食物，迎来了哺乳动物时代。

三、生态位分化

在同一生态位下，生物的种类越丰富，抢夺生态位的竞争就会越激烈，种群间会形成相互作用的生态位遏制作用，这样就会对每个种群所占有的实际生态位进行压缩。在生态位因子的遏制作用下，两个生态位上很接近的种群会向着占有不同的食物资源（食性上的特化）、生存空间（如栖息地分化）、活动时间（时间分化）或其他生态习性上的分化，以此来降低生存竞争的紧张度，从而使两个种群之间能够形成互相遏制且平衡共存的局面，这就是生态位分化作用。

生态位分化作用，有以下5种情况。

1. 栖息地分化。例如，美国佐治亚盐沼的招潮蟹。

2. 领域地分化。例如，北大西洋和北太平洋海岸各种海鸟尽管食性和生殖周期几乎完全相同，但觅食地域各有不同。

3. 食性分化。食性分化是一种很常见的现象，一些亲缘关系相近，栖息于同一生态位的种类，食性不同。例如，栖息于夏威夷潮线下珊瑚礁的8种腹足类软体动物，各有各偏好的食物。

4. 生理分化。例如，寄生在海龟大肠内的尖尾虫对二氧化碳和氧的需要不同，也就是缺氧呼吸和pH的适应性不一样。

5. 体形分化。体形大的动物需要的能量就多，但遭遇敌害的机会也多，而体形小的动物需要的能量少，相对地，比较容易逃避捕食者。

四、生态位扩展

物种种群都有生态位扩展的欲望趋向，但是由于生态位遏制作用，所占领的生态位被遏制在一定的范围内。物种都有大量繁殖的能力，由于生态位遏制作用，只能有少量个体存活下来。如遇生态位遏制作用突然消失，那么大量繁殖会让种群数量呈现爆发式增长，并快速地充满整个生态位，直到达成新的生态位遏制作用，这就是生态位扩展。

生态位扩展在很多情况下是由生物入侵造成的，像美国白蛾通过国际贸易的集装箱传入中国，结果泛滥成灾。还有中国南方引入的水葫芦物种，在短短几年内在南方各水域中泛滥成灾。

比如，1935年，为了对付在甘蔗田里肆虐的害虫，澳大利亚引入了海蟾蜍。但它们的繁衍速度相当惊人，迅速从引入地扩散开来，填补了每一个可能的生态位。

五、生态位隔离

生态位因子的变化，导致同一种群的生态位被隔离开来，几个不同的小种群实现独立发展，最后会进化成不同的物种，这就是生态位隔离作用。对于陆生动物来说，海洋、湖泊、河流等地理因素构成隔离。对于海洋和水生生物来说，陆地就是隔离因素。在陆地上，高山、峡谷、沙漠、不均匀分布的温度和盐度等有时也可以构成隔离因素。例如，在非洲的倭黑猩猩和黑猩猩的“亲缘”关系非常接近，这是由于几百万年前刚果河将这两个群体分开，以后两个群体独立发展形成新的物种。它们的生活习性和器官组织也产生很大的差异，比如黑猩猩群体是由雄性领导，彼此间侵略性较强，经常互相争斗；而倭黑猩猩群体通常是由雌性领导，它们不怎么爱打斗。这是与它们所处环境的食物生态位因子有关。倭黑猩猩的体形要比黑猩猩小得多，还不到黑猩猩体重的一半。体形也比较细瘦，头发更长，肩膀较窄，头颅较圆，嘴唇发红，两耳也较小，后肢第二、三趾之间略微有蹼相连，毛色纯黑而细软，比较整洁，不像黑猩猩毛那样粗硬杂乱。倭黑猩猩的幼仔生下来脸和手掌是黑色的，而黑猩猩幼仔的脸和手掌则是粉红色的。

第二章　物种个体稳态和变化

第一节　物种个体稳态和变化

物种个体是指具有特定器官组织和生理功能的物种种群中的一个独立生命体。物种个体具有特定的生理特征，能够利用自身器官组织完成特定的生理功能。

物种个体的稳态是生存的基础条件。物种个体能够维持生理活动和器官组织的正常功能，称为内环境稳态。

物种个体本身存在一定的变化过程，主要体现在发育、成长、衰老和死亡过程。还有不同物种个体间本身存在一定的个体差异性，主要体现在性别差异、年龄差异和体形差异等。

一、个体差异

个体差异是个体的器官组织和生理功能在功能协调性作用下所表现出来的差异性。个体差异呈现多样化特点，如器官组织的性状差异，生理功能的差异性，对于高等动物而言由器官组织和生理功能在功能协调性作用下产生的行为差异性，等等。种群内的不同个体间具有差异性，但仍具有相同的且正常的器官组织和生理功能，也能保持功能协调性，也能够自由交配实现基因交流。个体差异并不会形成新的物种。

个体差异产生的主要原因是种群基因库的基因多样性表达所形成的，如雌雄两性的性状差异是最典型的个体差异。次要原因是基因相对论作用所造成的，这是由于物种个体在繁殖、发育和成长过程中，基因对性状的表达和控制是相对的（在后面章节会有详细的描述），例如，器官组织或生理功能的变化，会引起其他器官组织和生理功能的相应变化，这是源于功能协调性的调节机制；另外，物种个体在成长发育过程中，会受到生态位因子的激发作用，不断地产生应激响应过程，器官组织所产生的应激反应对生态位因子形成利用或抵制作用，自身的器官组织和生理功能也会发生相应的变化等，最典型的是幼崽和成年个体之间具有明显的个体差异。当然个体差异产生的因素也有可能是不同发育、繁殖条件等非基因因素所形成的，比如由于水、食物或疾病等影响导致个体的器官组织产生变化。

物种个体的稳态是相对的，变化才是永恒的。物种个体每天都在获取食物，一天中有吃饱的时候，也有挨饿的时候；每时每刻都在成长发育——从年幼、成长一直走向衰老，最后到死亡；日常每时每刻都进行生理功能的新陈代谢，所以一直会处于不断地变化状态中。正是由于物种个体的不断变化，必然会产生物种个体间的差异性，也就是我不同于你的差异。但是差异只是共同器官组织基础上的微小变化，这种差异性仍然是建立在物种个体能够正常生存的基础上。物种个体的变化只是种群内部性状多样性的反映，这是种群自有的内在特性。比如，人种的肤色、毛发、高矮等只是人种内不同的变化。还有像玫瑰花的红、蓝、粉等不同颜色。这些差异性既然以前就一直存在，那么以后也会一直存在。

种群内所有个体都是有差异性的，有所长必有所短。人类就是最典型的例子，人类的长相、体形、身高、质量等都完全不同，尺有所短，寸有所长，每个人都有自己的长处，同时也有自己的短处，但是生活在种群里可以实现优势互补。

二、变异

变异是由基因突变造成的。只有可遗传的变异才具有进化意义。绝大多数基因突变形成的变异都是有害的，甚至是致命的。比如，人体的癌细胞就是基因突变产生的变异细胞，好在这种基因突变是不可遗传的，所以并没有进化意义。癌细胞也一直处于被抵制状态，一般会被人体免疫清除掉，但是一旦被激活，那对人体的破坏作用是非常巨大的。

我们这里要明确，个体差异并不一定是变异，个体差异很正常、很普及，是种群基因多样性或基因相对论造成的，是基因的正常表现形式。而变异则是基因突变造成的。所以，要严格区分开个体差异和变异，否则会形成认知上的错误。

可以确定的是，变异是一种小概率事件，是很难发生并成功实现的。原因在于，基因的表达是需要很多中间化学物质（如中间蛋白质、酶、第二信使等）作为支撑的，并且在转录、翻译、表达过程中有很多“识别”程序，要形成一个正确表达的应激响应通路，还要有其他基因、细胞等参与其中，一个基因的表达并不是一个独立进行的生理过程，这里任一生理过程不能对突变基因进行有效识别或产生响应都会让这个基因的表达失败。

此外，基因突变的影响力也会有很大局限性，如果是发生在成年个体的某个细胞，即使突变基因能够正常表达，也只是几亿个正常细胞中出现的一个变异细胞，如大海中之一滴水。其他细胞的生理功能正常表达，完全可以掩盖或阻断变异细胞的功能。变异细胞对整个物种个体的正常生理功能不会有任何影响。正常来讲，基因突变形成的变异细胞很多情况下都是癌细胞，人体内有很多的癌细胞存在，人的一生都是伴随着癌细胞生存生活的。倘若大量细胞同时发生基因突变，出现大量变异细胞，这种情况可能是癌细胞在扩散。

如果基因突变发生在正在生长发育的幼崽身上，幼崽的新陈代谢速度快，细胞分裂和更新换代速度快，变异的细胞并不能同其他正常细胞一样执行生理功能，比如某些肝细胞发生了变异，那么周围其他正常肝细胞就会把它当成异类而加以排斥，因为在某一时刻正常肝细胞收到转导信号要表达横向生长发育，而变异的细胞由于没法识别这一个信号，还按照自己的方式生长发育，必然会引起周围细胞的“抵制”。这就好像学生站队，老师喊口令让向后转，齐步走，如果某几个学生自由散漫，不听号令，没有及时动作，那么和别人执行的就不一样，这必然会引起队伍局部的混乱，他会被周围的同学调整过来，然后随正常的队列行进。简单地说，几个细胞的变异只会让周围其他细胞的功能所代替、掩盖或纠正，绝对不可能会因为几个细胞的变异而影响到几亿个细胞的功能表达。

再往生长发育前期退一步讲，找一个都认为最理想的变异时刻——在胚胎时期发生了变异，这个变异细胞正好是细胞分化后准备成为某个组织器官的细胞，不幸发生了变异。从受精卵开始就是生命延续的过程，无论胚胎如何生长发育变化，都是生命在延续，而且胚胎发育过程中也是要发生细胞间的信号转导过程的，并不是一个个细胞独立分裂增殖、胡乱填充的过程，而是要受到功能协调性和内环境稳定所约束的生长发育过程，任何细胞的分化、分裂是受到信号转导所控制的，还有最基本的是要由其他细胞运送各种营养物质进行给养。如果变异细胞不能正确响应其他细胞、组织和器官信号转导过来的信息，保持我行我素，必然导致整个胚胎功能紊乱，不能正常地生长发育，直到胚胎生命终结，更谈不上变异的个体存在。

总之，要客观地看待变异，而不是将变异神化，一个生物发生几次基因突变是正常的，发生多次基因突变是极端的，如果连续发生数量级基因突变是不可能的，从概率学角度就可以证明。

所以，把我们的视野放到正常的遗传学理论上来，而不是把精力浪费在变异这种小概率事件上。

三、物种个体的生理特征

1. 新陈代谢功能

新陈代谢（简称代谢）是生命的最根本特征，是维持生物体生长、生殖、运动等生命活动过程的生理生化变化的总称。通过代谢，生物体与环境之间不断地进行物质和能量交换，处于不断的变化过程中。

细胞和有机体是和外界环境联系紧密的开放系统，它们不断地与外界进行着物质和能量交换。新陈代谢是生物体内化学组成的自我更新过程，它包括两个完全相反但相互依存的过程：一个是异化作用（分解代谢），即分解生命物质将能量释放出来，供生命活动需要；另一个是同化作用（合成代谢），即从外界摄取物质和能量，将它们转化为自身的物质并贮存可利用的能量。新陈代谢是严整有序的，是由一连串生物化学反应网络构成的，如果反应网络中某一部分被阻断则整个过程就被打乱，生命将会受到威胁，严重时会导致生命的终结。

在新陈代谢这一生物化学过程中，控制生化过程的酶需要特定的温度、pH、渗透压等环境条件，所以生物体必须维持内环境稳态。生物体与环境之间有明显的隔离物，如单细胞生物的细胞膜、植物的表皮、动物的皮肤，形成自己的内环境。生物体利用复杂的结构和通过反馈调节机制来维持自己的生理稳态。

2. 生殖和遗传

所有生物都有产生后代、得以世世代代不断延续的能力。每个细胞、每个个体在不断地发育走向成熟后，又逐步地走向衰亡，但是它可以通过有性或无性生殖方式产生下一代个体，保持生命的延续。

生殖主要有无性生殖和有性生殖两种。无性生殖不涉及性别，没有受精过程，如细胞的分裂。无性生殖产生的后代的遗传性状与其亲代几乎完全相同。有性生殖是由两个性细胞融合在一起，成为合子或受精卵，再发育成下一代个体的生殖方式。与无性生殖相比，有性生殖的后代遗传性状是父母双方遗传性状的整合。

遗传通常指亲代的性状在后代中得到表现的现象。在生物生殖过程中，遗传保证了物种的延续性和保守性，使物种世代相传保持稳定。

3. 生长和发育

生长是指生物体或细胞的体积由小到大、结构由简单到复杂、质量逐渐增加的过程。生物体或细胞在生命周期中，结构和功能从简单到复杂的变化过程称为发育。

生物体在新陈代谢的过程中成长，新陈代谢为细胞提供了营养物质和能量。一方面，每一细胞从产生开始要经历一系列发育过程；另一方面，生物体的生长通常要靠细胞的分裂、增殖而得以实现。多细胞生物的受精卵经过反反复复的细胞分裂过程变成一个幼小的个体，而后又不断地长大发育成为成熟的个体。

生长和发育的过程就是物种个体产生持续变化的过程。

4. 应激响应过程

应激响应是在生态位因子的激发作用下，物种个体形成体内信号转导通路，促使器官组织产生应激反应的过程。

5. 内环境稳态

物种个体能够维持生理活动和器官组织的正常功能，称为内环境稳态，简称为内稳态。所有生物都必须保持内环境的稳定性才能够生存下来。

内环境稳态是进化发展过程中形成的一种更进步的机制，它或多或少能够减少生物对外界条件的依赖性。具有内稳态机制的生物借助于内环境的稳定而相对独立于外界条件，大大提高了生物对生态位因子的耐受范围。

细胞的新陈代谢活动是生命的依托，且需要内环境的相对稳态，但细胞的新陈代谢过程和外环境的剧烈变化都将不断地干扰内环境稳态，因此机体的调节系统必须依据内外环境变化以及各器官系统的活动状态，不断调整自身生理活动，以纠正体温、渗透压、酸碱平衡及物质运输和交换的过度变化，从而使内环境的各种理化因素的变化都保持在较小范围内，即维持稳态。例如，通过血液循环保证营养物质和代谢产物在体内各部分之间的运输以及血液和组织液之间的物质交换；通过肺的呼吸活动可从外环境摄取细胞代谢所需的O_2、排出代谢产生的CO_2，维持细胞外液中Po_2和Pco_2及pH值的稳态；通过消化道的消化吸收可补充细胞代谢所消耗的各种营养物质和能量；通过肾的功能维持体内水和各种电解质及酸碱的平衡。总而言之，内环境稳态是各种细胞、器官正常生理活动的综合结果，内环境稳态又是各种细胞、器官正常生理活动的必要条件。

而这种动态平衡不同于可逆的化学反应中的正反应与逆反应的平衡，而是在机体整体水平上，内环境中的各种理化因子（如血糖水平）的总输入与总输出之间达到的动态平衡。

现代生理学中关于稳态的概念已经大大被扩展，用于泛指体内从分子、细胞到器官、系统，乃至整体水平上的生理活动在各种调节机制作用下，总能保持相对稳定和功能协调性的状态。

例如，很多动物都表现出一定程度的恒温性，即能控制自身的体温，恒温动物控制体温的方法主要是靠控制体内产热的生理过程。变温动物则主要靠减少热量散失或利用环境热源使身体增温，这类动物主要是靠行为来调节自己的体温，而且这种方法也十分有效。

6. 功能协调性

功能协调性是一个很大的课题，是一个系统的工程。这里只能做简单的讲述，任何生物个体的生长发育过程，从外形上看，身体各个器官组织都是“成正比例”地增长，并没有出现头重脚轻、身大脑小比例失衡的奇怪物种个体。

此外，器官组织的功能性也受约束限制，比如长颈鹿虽然高大，但是当长颈鹿低头食用地面的草类食物、饮水或攻击捕食者时，口器总是能够接触到地面或水面的，从长颈鹿出生到长大成年，都是这样的规律特点，这就是功能协调性。

当然其他动物亦是如此，不管动物身材高大，还是矮小，口器总是能触到地面上的食物。

特别是动物类执行任何一个生理功能或行为动作，都需要多个器官、组织、细胞的协调配合。

更多的功能协调性研究可以查阅相关的书籍资料，这里就不再多述了。

第二节　器官、组织和细胞稳态和变化

一、细胞

细胞是生命活动的基本单位，除病毒外，一切生物都是由细胞构成的。从生命的层次上看，细胞是具有完整生命的最简单的物质集合形式。

细胞是生命的起点，也是传递生命的载体，同时也是生命的终点。细胞就是生命的核心，细胞是生命永恒存在的载体，细胞是生命的最终表现形式。

任何生物真正的生命延续是在细胞。不管是从形态上，还是从物质上，都是细胞将生命的“种”保持并传递了下去，遗传信息就是一套完整的资料数据库，子代通过遗传信息的解读完全可以重复亲代的生命表现性状。

自然界存在着各种各样的单细胞生物，如细菌、单细胞藻类、大肠埃希菌、衣藻、眼虫等，这样的细胞既具有营养功能，又具有繁殖功能。许多动物和植物是多细胞的复杂有机体，在这些多细胞的生物中，各种分化的细胞密切合作，共同完成一系列复杂的生命活动。

通常，多细胞生物的细胞数与生物体的大小成正比。例如，植物的生长总是伴随着细胞数目的增多。对于多细胞生物而言，不同的细胞或细胞群会执行不同的功能，有的专行营养功能（如植物的叶片），有的专行繁殖功能（如植物的花）。生物体结构越复杂，细胞的分工就越细。细胞在形态、结构和功能上的特化过程称为细胞的分化。一些来源和结构相同、行使一定功能的细胞群称为组织。

特别地，细胞分化产生的各种构象变化，主要体现在细胞的形状、生理机能、应激响应能力、信号转导和生命周期等的不同，这些都是物种进化的源泉。如动物体内的肌肉细胞呈长条形或长梭形，利于肌肉的收缩产生运动功能；而红细胞多为圆盘状，这一构象有利于O_2和CO_2的气体交换。还有植物叶表皮的保卫细胞成半月形，两个细胞围成一个气孔，这样有利于呼吸和蒸腾。

在生命延续过程中，由于细胞自身的生命力不断衰退，必然会出现细胞衰老死亡的过程，这是细胞内生理和生化复杂变化的过程，最终反映在细胞的形态、结构和功能上。细胞衰老的一些主要特征表现为：细胞内水分减少，细胞质膜的流动性降低，线粒体数量减少，内质网排列不规则，细胞核核膜的内折，染色体固缩化以及脂褐素的堆积，等等。

细胞衰老死亡的原因正是源于细胞在生命活动过程中，不断地积累各种“垃圾”，会使得这些细胞的活性不断地降低，都会不断地走向衰老，细胞的衰老导致机能失活，不能再进行物质和能量交换，不能再感受信号转导，这就意味着细胞已经死亡。

1. 细胞的生物化学组成成分

无论是原核生物还是真核生物，对一个生命个体来说，均由蛋白质、核酸、多糖、脂质等生物大分子和一些小分子化合物及无机盐等这些化学成分共同组成。

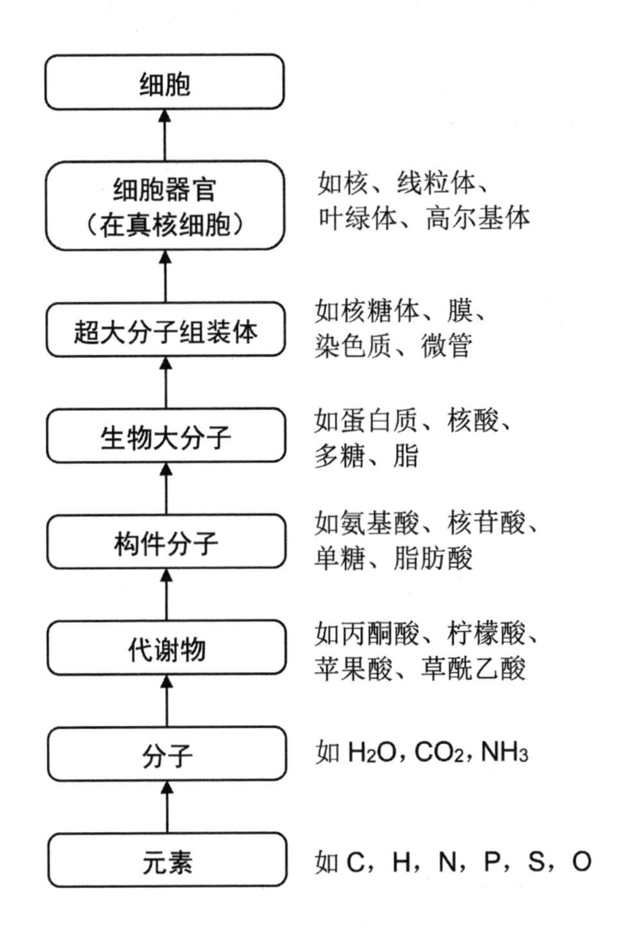

从元素到生命的物质基础

生物体中的各种蛋白质，甚至每种细胞组分都是细胞中核酸顺序编码的产物，它是由20种氨基酸通过肽键连接成的多肽链。20种氨基酸的区别在于侧链（R基）的差异，极大地简化了遗传信息的转化过程。在转录中，DNA的碱基顺序决定了新合成mRNA的碱基顺序；在翻译中，mRNA上碱基顺序决定了新合成多肽链的氨基酸顺序，而氨基酸侧链的结构性质决定了多肽链可折叠成稳定的构象并形成相应的功能，这是信息转换为功能的过程。

2. 细胞结构组成

细胞分为两类：原核细胞和真核细胞。细菌和古核生物的细胞为原核细胞；其他生物，如原生生物、真菌、植物和动物的细胞都是真核细胞。

原核细胞的特点是没有膜包被的细胞核，只有一个拟核区，其染色体为环形的DNA分子。原核细胞还有其他没有膜包被的细胞器。

真核细胞有质膜和细胞核，质膜是细胞质的最外层包膜。细胞质中有内质网、核糖体、高尔基体、溶酶体、液泡、线粒体、质体、微体、细胞骨架、中心粒等细胞器。细胞核包括核被膜、染色质、核仁和核基质等部分。在真核细胞外附着鞭毛、纤毛等。细胞壁和叶绿体是植物与动物细胞结构区别的主要特征。

3. 细胞稳态和变化

稳定是相对的，变化才是永恒的。细胞的稳态体现在，细胞是独立有序、能够进行代谢自我调控的结构与功能体系，每一个细胞都具有一整套完备的装置以满足自身生命代谢的需要。即使在多细胞的生物体中，各种组织也都是以细胞为基本单位来执行特定的功能。细胞作为一个开放系统，不断地与环境交换着物质、能量和信息，保持内环境的稳态。

细胞的变化主要体现在以下几个方面：首先是细胞在发育过程中形成的分化；其次是细胞本身的生长发育，整个细胞也一直处于不断的变化中，甚至细胞的死亡；第三是形态的变化，常见的真核细胞的形状有球形、杆状、星形、多角形、梭形、圆柱形等。

动物和植物都是从单个细胞——受精卵发育而成的。它们的发育依靠的是一系列的细胞分裂，先形成由许多较小的细胞组成的一团，其中的细胞数通常为数百至数千。这早期的一团，后来分化出现了各种各样不同类型的细胞，如肌肉细胞、软骨细胞等。不同脊椎动物之间的那些差别，如雀鸟、人类、河马和黑猩猩之间各不相同，是由于细胞在空间组织形成中产生了差异；或者说，它们之所以有差别，是由于细胞的空间组织模式不同，而不是由于组成它们的细胞类型有多大的不同。例如，在人类的身上就找不到任何一种黑猩猩不具有的细胞类型。

细胞离开有机体分散存在时，形态往往发生变化。例如，平滑肌细胞在体内呈梭形，而在离体培养时则可呈多角形。常见的真核细胞的形状有球形、杆状、星形、多角形、梭形、圆柱形等，这些不同的形状一方面取决于对功能的适应，另一方面亦受细胞的表面张力、胞质的黏滞性、细胞膜的坚韧程度以及微管和微丝骨架等因素的影响。

高等动物的卵细胞和精细胞无论在形态上，还是在大小方面都差异很大。卵细胞又大又圆，精细胞则既细又长，有着长长的尾巴，这些皆与它们各自的功能相适应。卵细胞在受精之后，要为受精卵提供早期发育所需的信息和相应的物质，除了带有一套完整的基因组外，还有很多预先合成的mRNA和蛋白质，所以体积大，而圆形的表面则便于与精细胞结合。精细胞对后代的责任仅是提供一套基因组，所以它显得很轻装，至于精细胞的细尾巴则是为了运动寻靶，尖尖的头部，是为了更容易将它携带的遗传物质注入卵细胞。

二、器官和组织构造

器官和组织是由一定数量功能分化的细胞有机结合而成的。

1. 植物器官组织组成

陆生植物包括苔藓植物、蕨类植物、裸子植物和被子植物四大类，从结构与功能方面体现了从低等向高等的进化顺序。苔藓植物为两侧对称的叶状体或拟茎叶体，拟茎叶体中没有维管束组织，有性生殖时精子有鞭毛，受精过程依赖于水，受精卵在颈卵器的保护下靠母体的营养发育成胚和孢子体。蕨类植物有根、茎、叶的分化，根茎内维管组织不是很发达，有营养叶和孢子叶的分化，孢子叶上有排列整齐的孢子囊群，孢子萌发后形成的配子体不发达，精子仍然有鞭毛。裸子植物孢子体发达，大多数为高大的乔木，有逐渐进化的维管组织和加粗的次生生长结构，受精作用在胚珠中进行并发育形成种子，胚珠及种子裸露，没有真正的花和果实。被子植物的孢子体高度发展和分化，具有典型的根、茎、叶、花、果实和种子等器官，生殖器官特化成为花的构造，其中雌蕊由子房、花柱和柱头三部分构成，胚珠包被在子房内，传粉受精后胚珠发育成果实。被子植物区别于裸子植物或其他植物最显著的特征是形成花与果实。

2. 动物器官组织组成

动物器官包括取食器官、呼吸器官、感受器官、神经器官、内分泌器官、生殖器官、防御器官、排泄器官等。这里只简单地介绍一下取食器官组织。

在一些低等生物的细胞内伸出细胞外的原生质而形成的纤细的毛状物，形成纤毛，这是一类取食器官。

另外一些低等生物的细胞外伸出的原生质形成的细长鞭状物，形成鞭毛，这也是这类动物的取食器官。

环节动物的体表长着实心、坚硬的鬃状物，形成刚毛，也是另一类取食器官，如蚯蚓身体的每节都长着一圈刚毛，它还有游泳、感觉和行动的功能。

还有腔肠动物体中的一种特殊细胞——刺细胞，都是取食器官。

而在蜜蜂身上由附肢演变而成的一些构造，蜜蜂后足胫节外侧末端有一凹陷，凹陷两边有两列直而结实的细毛，这就是用以采集花粉的取食器官——花粉筐。还有花粉栉，蜜蜂用它装着从身体各部分收集来的花粉，带回蜂巢，这是由蜂后足胫节末端部宽大的地方，由许多尖长的齿形成的一种梳状构造。还有花粉刷，蜜蜂用它把黏附在足和腹部的花粉剔取出来，装到另一只蜜蜂的花粉筐里，带回巢内。

对于一些昆虫中的口器也是取食器官，如蜘蛛的口器包括两对附肢，昆虫的口器包括上唇一个，大颚一对，小颚一对，舌、下唇各一个。

脊椎动物的口器就是取食器官，且食管等内腔壁上也生有纤毛，有保护或辅助吞咽、分泌和排泄的功能。

第三章　种群稳态和变化

第一节　种群稳态和变化

种群占有一定的生态位并且能够适应生态位，同时也会对生态位形成一定的影响作用；反过来，生态位的变化也必然会传导到种群，影响种群内部的结构变化。种群和生态位构成相互影响的关系。

本书一直在强调，稳态是相对的，变化才是永恒的，差异是必然的。种群也是一样，能保持一定的物种个体数量和种群密度，同时维持一定的种群年龄结构，保持一定的种群秩序，这就是一种稳态。另外，种群数量是处于动态变化中的，比如食草动物在旱季由于食物资源匮乏和水资源匮乏，导致大量物种个体死亡，这时种群数量会大幅下降；而在旱季结束后，食物资源逐渐丰富，水资源充足，这时很多新的生命又诞生了，种群数量又增加了。

种群的差异性更明显，种群在不同时间段，由于个体的差异或数量变化，会产生变化；还有同一物种在不同的生态位也会表现出种群数量和密度等的差异性；还有物种个体性状上的明显差异。

下面梳理一些衡量种群的指标特点，进一步来说明种群的稳态和变化过程。

一、种群数量

种群数量是反映一定时间段的种群内所有个体的总数量。在自然界任何种群内个体数量是随着生态位因子的变化而变化的。当生态位因子有利时，种群数量表现为增加；当生态位因子不利时，种群数量表现为下降。一般种群数量会维持在生态位能够承载的最大数量范围上下波动，受到生态位遏制作用，形成相对的数量稳态。种群数量过多超过生态位能够承载的最大数量时，每一个生物个体都会以其特有的方式做出争斗，尽力让自己在生态位中占有一席之地而不被淘汰，这时激烈的种内争斗会引起死亡率上升，直到种群数量回到生态位能够承载的最大数量为止。另外一种情况是，种群数量减少且少于生态位能够承载的最大数量，种群内争斗会减少，协作会增多，出生率会随之而增长，让种群数量逐渐地恢复。

种群如果进入新的生态位产生生态位扩展时，种群数量会呈指数级增长。指数级增长的特点是：增长暂时不受生态位遏制作用，虽然开始增长很慢，但随着种群基数的加大，增长会越来越快，每单位时间都按种群基数的一定百分数或倍数增长，其增长势头惊人，威力强大。例如一个细菌细胞每20min分裂一次，1h就可以繁殖3代，这样36h以后它将完成108个世代，细菌总数将达到2^{107}个！足可以将地球表面铺满33cm厚。

如果同一生态位下的其他种群把生态位释放，现存的种群会快速增长占领更多的生态位。

种群在生态位遏制、生态位分化或生态位隔离中受到生态位因子的调节作用，呈现先升后缓的增长特点。特点是初期增长快，但是随着种群密度增大，接近生态位能够容纳的最大数量时，增长变得缓慢，甚至种群数量会下降。

多数种群的数量波动是无规律的，但少数种群的数量波动表现有周期性。比如东亚飞蝗和小型食虫鸟山雀的种群数量一般是无规律的波动。但像北极旅鼠，每隔3—4年出现一次数量高峰；另一个典型代表是猞猁和雪兔，每隔9—10年出现一次数量高峰，具有一定的种群数量规律性特点。

种群密度是指在一定的生态位中所容纳的种群数量。种群密度主要是用在横向或纵向对比中有一定意义。

出生率、死亡率、迁入率和迁出率也是研究种群数量变化的指标，通过指标数值间的比对能够得出种群数量是在增长还是在下降。

二、种群的年龄结构

种群是由个体组成的，不同年龄的个体在种群中都占有一定的比例，这种比例关系就形成了种群的年龄结构。生物学家常常把动物的年龄分为生殖前期、生殖期和生殖后期三个年龄组。对人类来说，这三个年龄组大体相等，各占生命的1/3。有些昆虫则完全不同，如蜉蝣，它的稚虫要在水中生活好几年（生殖前期），一旦羽化成虫飞出水面，交尾产卵历时几天就死去。种群的年龄结构含有种群未来的数量变化信息。一个年轻个体占优势的种群，它的年龄结构呈明显的尖塔形，它预示着种群将会有一个大的生育高峰期，数量会明显增加。与之相反，如果老年个体在种群中占优势就表示未来种群数量会下降。如果种群中各年龄组的比例大体相等，只是老年组个体略少，就预示着种群比较稳定，出生率和死亡率保持平衡，是一个稳定型的年龄结构。

三、种群秩序

社群（结群）方式是种内互利关系下形成的一种生存策略。社群能够维持的前提就是需要一种固定的"规则"，有了规则就会形成一定的秩序。互利应该说是社群关系最核心的支柱，只有互利才能形成个体间的信任，有了信任才能够建立起稳定的社群关系。社群的稳定秩序就在于规则的执行程度，如果种内成员都能够遵守，那么这种社群就能够保持相对的稳定，像蚂蚁、蜜蜂等；但如果规则只是在某些时期被遵守，那么这个社群也只能在这个时期保持相对的稳定，在其他时期就会混乱和无序，例如，狮群在公狮的统治下会保持社群间的相对稳定，一旦公狮被赶走或死去，就会陷入完全混乱中，其他公狮就会乘虚而入，甚至会攻击不服统治的母狮，而且更残酷的是它会将群内母狮抚养的幼崽全都咬死，不断地改变自己领地的气味，从而完全占有这个狮群，使得狮群逐渐地恢复，形成一个新的稳定秩序的社群。

有些种群的社群关系表现为社群等级，主要表现在个体地位的不公平。例如家鸡中经过啄击形成的等级，稳定下来后，低级的一般表示妥协和顺从，但有时也通过再次格斗而改变顺序等级。社群等级优越性还包括优势个体在食物、栖所、配偶选择中均有优先权。社群等级制在动物界中相当普遍，包括许多爬行类、鱼类、兽类和鸟类。

社群等级制形成后必然会产生社群分工，分工不仅表现在行为上，也会表现在生理形态上。分工使社群的成员分为职责、行为和形态各异的“等级”。社群性昆虫的社群组织达到高度发展，其最重要的特点是分工合作。例如，有专司繁殖的蚁后，实际上已特化为专门产卵的生殖机器，它有膨大的生殖腺，特异的性行为，而取食和保卫功能业已退化。有专司保卫的兵蚁，通常是性腺退化的雌体，个体大于工蚁，具有强大的口器。还有专司采集食物、养育后代和修建巢穴的工蚁。伴随社群昆虫分工的发展，必然会进一步发展社群内个体间的联系与协作，只有通过协同作用，才能形成社群整体性。

第二节　种群如何把生态位因子传导到个体

生态位因子包括自然环境因子和生态环境因子。对于自然环境因子并不需要逐级传导，而是直接作用于种群、物种个体、器官、组织和细胞，每个层级都能直接接受这种生态位因子的激发作用。

而对于生态环境因子就需要一种逐级传递的机制，生态环境因子的变化会直接作用于种群，种群会将这种生态位压力作用传导到每个个体。一般有以下几种方式。

一、两性生殖

两性生殖是维系种群关系的纽带，无论是植物还是动物，都需要种群聚集生存，两性生殖不仅是基因交流，同时也是信息交流，使种群能够维持一种共同的生存策略。即使是个体分散到不同的区域，由于两性生殖的需要仍然能够维系完整的种群。植物虽然看似低级，但是植物的两性信号传递也是非常重要的，比如花粉的传递就是一种植物内通信信息传递的方式。

动物间的两性交流更加频繁，动物都会有一定的交配期，这时不管原来个体是分散生活还是聚群生活，都会聚集到特定的集合点进行交配活动，然后又恢复原来的生活。雌性会孕育新生命，并且养育幼崽，这是种群内长期争斗产生进化的结果；有的种群雄性个体也参与到养育幼崽的行为中，有的则是独立生活，有的甚至加以迫害幼崽。

二、同步传导方式

很多生态环境因子是直接作用于种群和物种个体的，种群和个体是同步接收到生态环境因子信号，不需要种群内或个体间再进行信息传递，比如生态环境因子中的食物等。

三、周期性节律传导方式

很多生物都在发育成长、繁殖、迁移等方面有周期性节律性，到了周期节点，种群成员都会采取相同的生存策略来应对生态位因子。比如海龟终生生活于海洋中，每年的4—10月是繁殖季节，雌、雄海龟常在礁盘或沿岸水域交配，交尾时间长达3—4小时，交配后雌龟于晚间爬上岸边沙滩掘坑产卵，产卵一般在夜晚10时至翌晨3时进行，卵产毕后，将卵坑用沙覆盖后离滩返海。每年可产卵23次，每次产91—157枚，多则可达238枚。卵的孵化期为30—90天，通常为45—60天，大部分幼龟会在同一时间破壳而出，径直爬向大海开始水中生活。这种生存策略方式可以应对大量捕食者的猎食，同一时间大量出壳的海龟虽然会有一小半被捕食掉，但是大部分还是可以存活下来的。一般早出壳的海龟被捕食的概率更高，晚出壳的海龟被捕食的概率也会更高；在中间时间段出壳的海龟由于数量众多，相对而言被捕食的概率会相对较小。要是隔天或隔几天再出壳，几乎没有生还的希望，因为捕食者经过一定时间后消化掉了先前的食物，又处于饥饿状态。

四、生态位压力传导

生态位压力是用来量化生态位稳态和变化的指数。生态位压力具体体现在以下几个方面：一是种群内的争斗或者是与其他种群的斗争激烈程度；二是秩序或等级的维系或破坏；三是生态环境因子关系的传导引起个体的警觉和恐慌，比如捕食者压力。

五、通信传递

植物的通信传递方式主要是依靠激素信息，也有通过传粉、授精信息传递。

动物类的通信信息比较多样，主要的方式是视觉通信、听觉通信、嗅觉通信、触觉通信和电信号（将在后面章节详细地介绍）。

第二篇

遗传理论

遗传中心法则指DNA通过转录生成信使mRNA，进而翻译成蛋白质的过程。即贮存在核酸中的遗传信息通过转录，翻译成为蛋白质，从而形成丰富多彩的生物界。该法则表明信息流的方向是DNA→RNA→蛋白质。

将逆转录补充到经典遗传中心法则中就会形成广义遗传中心法则。前面介绍过蛋白质也是一种遗传物质，朊病毒就是一个例子。此外，蛋白质还介导了动物的很多应激响应过程，并没有DNA或RNA遗传物质的参与。在某些特定条件下，蛋白质在生物酶的作用下通过逆转录过程合成遗传物质RNA，再由RNA逆转录合成DNA。那么就可以将遗传中心法则扩展成为广义遗传中心法则。

基因相对论只是对基因绝对论理论的补充。关键性、决定性的性状表达需要由基因绝对论进行控制完成。

第四章　遗传理论

根据现代生物学的观点，发育的过程表现为DNA链上不同基因按一定的时间和空间顺序有选择地活化和阻遏。例如，植物体中所有细胞都是由受精卵发育而来的，具有相同的基因组成。但是在个体发育的某一阶段，大部分基因处于关闭状态，只表达其中极少基因。像胚胎中的开花基因在营养生长阶段处于关闭状态，到成花时期才表达出来，即花芽才开始分化，过了一定的时期，分化逐渐缓慢，最终停止，形成不同类型的细胞。植物大约有40种不同的细胞类型。动物个体的发育过程也沿袭着同样的基因顺序表达方式，最典型的就是性成熟和生育过程。

遗传理论中最重要的就是遗传物质。广义的遗传物质可以定义为亲代能够传递给子代的所有物质和信息总和。包括亲代产生的配子体中所有的物质类，如质膜、所携带的细胞器、RNA、DNA、蛋白质、激素分子等，只要最后能够传递给子代合子体的所有物质都可以归为遗传物质，这些遗传物质为将来生命的发育提供了保障，是物种生命延续和传递所必需的。特别是一些蛋白质类和RNA类物质为合子体初始生命发育提供了导引，是非常重要的遗传物质。广义的遗传物质里最主要的遗传信息传递者是DNA。DNA是传统意义上的遗传物质，其主要特点在于信息编码量大，物理化学稳定性好，不容易被水解，能够稳定遗传，能够自我复制，同时也具有遗传积累能力，正是这些优点使DNA成为主要的遗传物质。

第一节　遗传物质

一、染色质和染色体

真核生物中的每个染色体只包含1个DNA分子，染色体在细胞周期的大部分时间内都以染色质的形式存在。染色质是以双链DNA作为骨架与组蛋白和非组蛋白及少量各种RNA等共同组成的丝状结构的大分子物质。

核小体是构成真核生物染色质的基本结构单位，是由组蛋白核心和盘绕其上的DNA共同构成的紧密结构形式。把由200bp的DNA与一组组蛋白构成的致密结构称为核小体。

现在知道的DNA折叠压缩的结构层次如图4-1所示。

人类基因组DNA如果伸展为双链分子，将有1m的长度，当组装成核小体链时压缩成15—20cm，核小体链还须进一步压缩成若干微米。在复制或转录过程中，这些高级结构都要被短时局部地解开。按每个核小体内DNA长度约200bp，人类基因组内应有7.5×10^5个核小体。

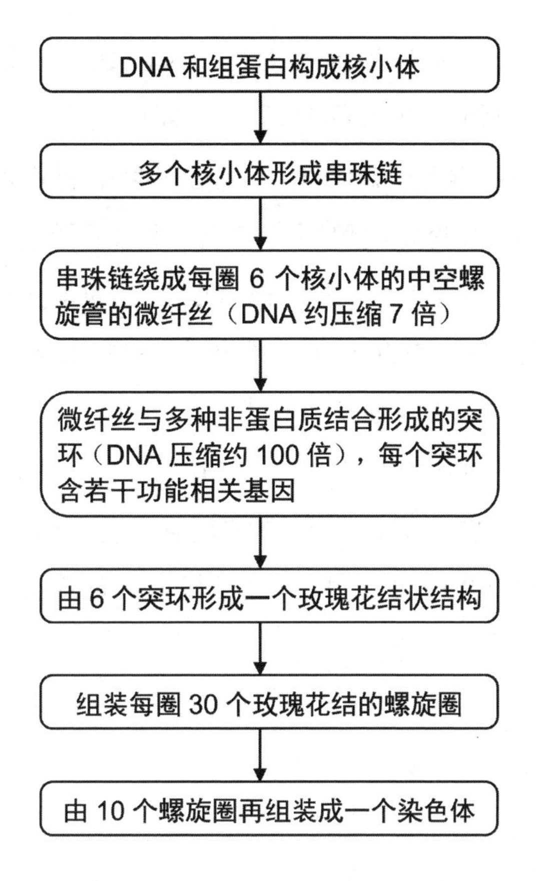

图4-1　DNA折叠压缩的层次结构

总之，染色体是由DNA和蛋白质构成的不同层次的螺线管和缠绕线的结构，DNA压缩的基本原则是在螺旋上形成螺旋的复杂过程。大部分真核生物是二倍体，即体细胞中含有两套染色体，而其配子是单倍体，只有一套染色体。

许多研究都证明了任何有机体包括病毒、细菌、动植物等都含有核酸，而且动物进化的程度与DNA含量具有明显的相关性；在高等动物中染色体数目的多少是与动物的进化程度密切相关的。

原核生物和“低等”真核生物（如真菌）一般倾向于含有小而紧凑的基因组，其大部分基因不含有内含子。在高等真核生物中，非编码DNA和编码DNA在基因组中所占的比例会因物种不同而有很大的变化。黑腹果蝇含1.2亿个碱基对（120Mb）的基因组中有约13600个基因，在看起来更为复杂的河豚中，在二倍体的基因组中（400Mb），容纳着大约4倍数目的基因（根据最近的估计，其基因数是30000—40000个）。小鼠和人虽含有近10倍于河豚的基因组DNA（3300Mb），它们的基因数目却大致相等。有迹象表明，所有动物均含有数目大致相等的“核心”基因（约12000个），编码参与基本生化途径和细胞功能的成分。

二、脱氧核糖核酸（DNA）

DNA的相对分子质量非常大，通常一个染色体就是一个DNA分子。生物的遗传信息通过核苷酸不同的排列顺序储存在DNA分子中。DNA分子的一级结构就是分子的碱基顺序。DNA分子中4种核苷酸的千变万化的序列排列即反映了生物界物种的多样性和复杂性。DNA的碱基共有4种，腺嘌呤（A）、鸟嘌呤（G）、胞嘧啶（C）、胸腺嘧啶（T）。在双螺旋结构中遵守碱基互补配对原则，其中G与C有3个氢键配对连接形成一个碱基对，A与T有2个氢键配对连接形成另一个碱基对，正是这样才能准确地进行配对，防止配对时出错。

生物体内DNA分子上的遗传信息通过表达产生各种蛋白质实现其功能。DNA是通过碱基互补配对形成的双链分子。碱基互补是复制、转录、表达遗传信息的基础。复制过程中，通过碱基互补配对的机制，准确地把遗传信息传递给子代。DNA分子在生理状态下性质稳定，适于作为遗传物质。而作为生物进化的分子基础，DNA也会不断地发生遗传物质的逆转录过程，使所获取的性状能够产生积累并稳定地遗传给下一代。

作为遗传物质的DNA主要有以下特性：1. 有遗传积累的能力；2. 储存遗传信息；3. 物理和化学性质稳定；4. 将遗传信息传递给子代。

三、核糖核酸（RNA）

RNA是细胞中的一类生物大分子物质，RNA的一级结构是无分支的线形多聚核糖核苷酸，主要由4种核糖核苷酸——腺嘌呤（A）、鸟嘌呤（G）、胞嘧啶（C）、尿嘧啶（U）组成。

RNA通常是单链线形分子，除tRNA外，几乎全部细胞中的RNA都与蛋白质形成核蛋白复合物。

成熟的RNA主要分布在细胞质中。无论是在真核或原核细胞质中，成千上万种的RNA都分为3大类：1. 转运RNA（tRNA），主要功能是在蛋白质生物合成中特异性地运载氨基酸。在20种天然氨基酸中，每一种都有相应的tRNA；而且近年来还发现tRNA在逆转录作用中作为合成互补DNA链的引物。2. 信使RNA（mRNA）在真核细胞中，每种mRNA分子只编码一种蛋白质的信息，只能作为一种蛋白质的翻译模板，因此，真核细胞mRNA的种类基本上代表了蛋白质的种类数。3. 核糖体RNA（rRNA）在细胞内与多种小分子蛋白质结合成核糖体颗粒的形式，在细胞蛋白质生物合成中发挥重要作用。这三大类RNA都来自细胞核，由核内各自的初始转录产物加工后产生相应的成熟RNA，进入细胞质后才能执行其功能。其他种类的RNA在这里不再详述，请查阅相关书籍。

细胞中的遗传信息传递是由DNA、RNA和蛋白质三种生物大分子完成的。而DNA仅具有信息载体功能而无酶的活性。RNA既具有信息载体功能又具有酶的催化功能。

迄今发现核酶（指具有催化功能的RNA分子，又称核酸类酶、酶RNA、类酶RNA）具有多种催化功能。催化分子内反应的核酶可以完成自我切割、自我剪接、自我环化等反应；催化分子间反应的核酶通常与蛋白质结合，形成核糖核蛋白复合体，如马铃薯邻苯二酚氧化酶等。与蛋白质酶相比，核酶的催化效率极低，二者的效率差异以数量级计。核酶催化的低效率结合RNA分子自身的不稳定性，极大地限制了完全由RNA组成系统的存在及进化的可能性。

除催化功能之外，RNA也可以作为遗传物质的载体。众所周知，许多病毒的遗传信息是由RNA携带的。

四、基因

基因（Gene）是原核、真核生物以及病毒的DNA和RNA分子中具有遗传效应的核苷酸序列，是遗传的基本单位及控制性状的功能单位。基因包括了编码蛋白质和tRNA、rRNA的结构基因，以及具有调节控制作用的调控基因。基因可以通过复制、转录和翻译的蛋白质，以及不同水平的调控机制，实现对遗传性状发育的控制。基因按照一定的顺序位于染色体的DNA链上。基因还可以发生逆转录、积累、重组或突变。

生物学中把在不连续基因中有编码功能的区段称为外显子，而无编码功能的区段称为内含子，或者说在初始转录产物hnRNA加工产生成熟的mRNA时，被切除的非编码序列是内含子。

绝大多数真核生物基因都含有内含子，也就是基因的编码区不是连续排列的。

第二节　遗传物质转录翻译

一、DNA 的精确复制机制

原核生物每个细胞只含有一条染色体，真核生物每个细胞常含有多条染色体。在细胞增殖周期的一定阶段，整个染色体组DNA都将发生精确的复制，随后以染色体为单位把复制的基因组分配到两个子代细胞中去。染色体DNA的复制与细胞分裂之间存在着密切的联系。一旦复制完成，即可发动细胞分裂。细胞分裂结束后，又可开始新一轮的DNA复制。

根据Watson-Crick的DNA复制假说，当DNA新链合成时，两条亲代链分离，分别作为新链合成的模板，并按碱基配对的规律合成新链，该假说曾推测在DNA复制时，子代双链DNA中，一条链来自亲代，另一条链是新合成的互补链，这种方式称为半保留复制（如图4-2）。后来，Meselson 和Stahl用实验证明了DNA的复制是半保留式的，在DNA复制时原来的DNA分子可以被分成两个亚单位，分别构成子代分子的一半，这些亚单位经过许多代复制仍然保持着完整性。

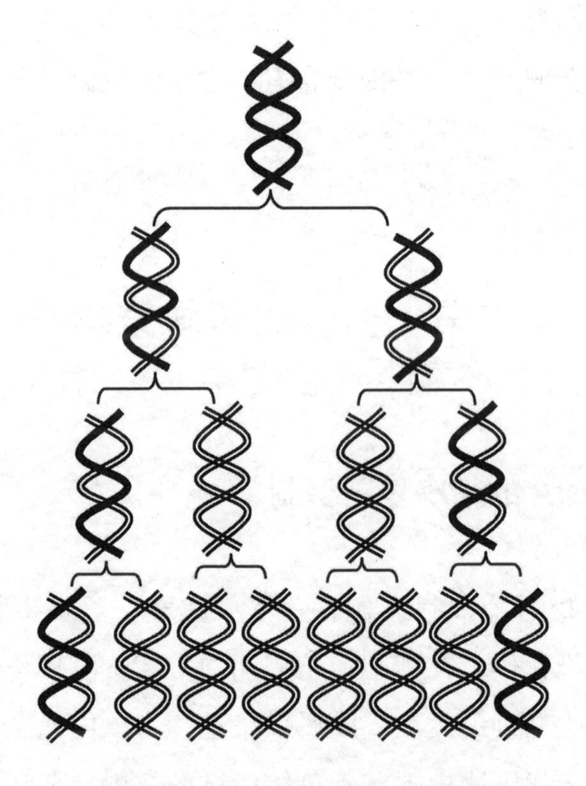

图4-2　DNA的半保留复制示意图

在半保留复制中碱基配对是核酸分子间传递遗传信息的结

构基础。无论是复制、转录或逆转录，在形成双链螺旋分子时都是通过碱基配对来完成的。这种复制机制还说明了DNA分子在代谢上的稳定性，经过许多代的复制，DNA多核苷酸链仍可保持完整，并存在于后代而不被分解。与细胞的其他成分相比，这种稳定性与它的可遗传功能是相符合的。一旦DNA分子发生各种损伤和突变，就需要修复。

半保留复制的实际过程十分复杂，需要多种细胞组分的参与；受到细胞中多种条件的控制；同时为了保证遗传上的稳定性，复制要求具有高度的忠实性。

DNA修复机制，主要是指为了保持DNA复制的高度忠实性。DNA的复制过程是一个高保真的系统。与DNA复制的忠实性有关的因素包括RNA引物作用、DNA聚合酶的自我校正功能、细胞内几种校正和修复系统等。

DNA都有一套修复机制，是生物体细胞在长期的进化过程中形成的一种保护功能，在遗传信息传递的稳定性方面具有重要作用。细胞对DNA损伤的修复系统主要有5种，即直接修复、重组修复、错配修复、切除修复和易错修复。这些内容不是本书研究的重点内容，这里就不再赘述，请查阅相关书籍。

二、遗传物质的经典遗传中心法则

DNA核苷酸序列是遗传信息的存贮载体，可以自主复制，也可通过转录生成信使mRNA，信使mRNA进而翻译成蛋白质，即贮存在核酸中的遗传信息通过转录，翻译成为蛋白质，这就是生物学中的经典遗传中心法则（如图4-3）。该法则表明信息流的方向是DNA→RNA→蛋白质。

由遗传中心法则可知DNA（基因）控制着蛋白质的合成。蛋白质的生物合成比DNA复制复杂，该过程包括转录、翻译、蛋白质合成因子和其他条件。

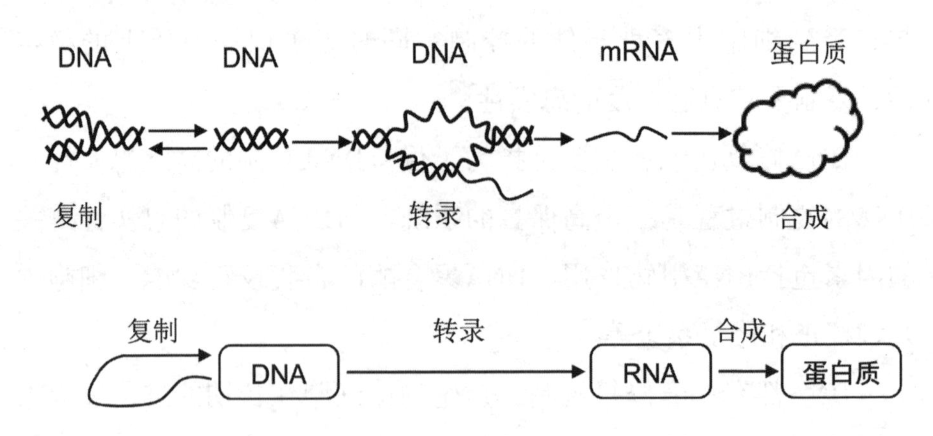

图4-3 遗传学的经典遗传中心法则

在转录过程中，以DNA的一条链作为模板合成的RNA分子，合成以碱基配对的方式进行，产生的RNA链与DNA模板链互补。细胞内的各类RNA，如mRNA、rRNA和tRNA，以及具有各种特殊功能的小分子RNA，都以DNA为模板，在RNA聚合酶催化下合成。最初转录的RNA产物通常都需经过一系列加工和修饰才能成为成熟的RNA分子。催化转录反应的酶是RNA聚合酶，它是一类依赖于DNA的RNA聚合酶。这类酶是生物界中最复杂的酶类之一。这种聚合酶促进着整个过程的准确运转，被转录的DNA双链中只有其中的一股模板链（反义链）作为RNA合成的模板。在转录区域内DNA双链必须部分解链，形成模板链DNA，与转录产物RNA有部分DNA-RNA杂合双链，随着转录向前推进，释放出RNA，又恢复成双链DNA。

遗传物质的转录和翻译过程在很多著作里都有详尽的描述，这里就不赘述了。

三、基因突变

在自然条件下发生的突变称为自发突变。自发突变的频率非常低，例如大肠埃希菌和果蝇的基因突变率都在10^{-10}左右。如此低的基因突变频率使得生物体的性状表达处于相对稳定的状态。

经过生物学家们多年的研究证明，基因突变的主要表现是生物功能的丧失。由于生物功能部分或全部丧失导致的表现型，多数是由于某一基因突变后使其所表达的蛋白质或酶失活。这种突变可以是点突变、缺失或基因紊乱。导致某一蛋白质缺失的突变不一定位于编码这个蛋白质的基因之中。例如，丙种球蛋白缺乏症，推测是免疫球蛋白的基因发生突变引起的。它与蛋白质合成后的加工和修饰有关。B细胞的成熟机制与免疫系统过程有关的异常都可导致免疫缺乏症。

一个基因缺失有时会引起多种酶的缺乏。黏脂病Ⅱ型是由于多种溶酶体的酶缺乏所致。有些突变可产生功能获得性显性表现型。但获得完全是新功能的情况十分罕见（除癌细胞）。

体细胞的突变频率是很低的，典型的人体细胞突变每个基因每代发生率为10^{-7}—10^{-5}。

基因突变是随机的和不确定的，并没有任何可以获得优异性状的选择性变化趋势。基因突变是小概率事件，能够产生有利性状的基因突变更是微乎其微。基因突变如果是引起性状大的变化，那么内环境的稳态可能会产生困难，相应的功能协调性也可能会存在困难。

四、酶是遗传物质生物化学反应过程的催化剂

酶是活细胞内产生的具有高度专一性和催化效率的蛋白质，又称为生物催化剂。受精卵细胞在发育过程中不断地分化，从而形成不同的细胞、组织、器官，产生不同的生理功能，这些都是由不同基因片断来控制的，基因达到如此的协调性，并且控制如此缜密，那么这就需要有相应的酶来协调这一过程。

酶不仅可以引导基因正向表达合成蛋白质，而且还可以引导RNA逆转录合成DNA，形成遗传物质的积累过程。这些过程都需要不同种类的酶参与生物化学反应。可以说，细胞内的生物化学反应过程几乎全部由酶进行催化和引导完成。

有的酶仅仅由蛋白质组成，如核糖核酸酶（催化核糖核酸水解的酶）。有的酶除了主要由蛋白质组成外，还有一些酶活性所必需的小分子参与，后者称为辅酶或酶的辅基（辅助因子）。酶的分子组成为：

全　酶　=　酶　蛋　白　+　辅助因子

（结合蛋白质）（蛋白质部分）（非蛋白质部分）

许多辅助因子只是简单的离子，如Cl^-、Mg^{2+}、Fe^{2+}、Cu^{2+}等（见下表），这些离子能把底物和酶结合起来或者使酶分子的构象稳定，从而保持其活性的作用。有些离子还是酶促反应时的作用中心。有些如许多维生素，作用主要是在酶促反应中携带和传递底物的电子、原子和作用基团。

生物体内的各种辅酶或辅助因子

辅酶或辅助因子	生理功能作用
Cl^-	唾液淀粉酶
Mg^{2+}	参与葡萄糖降解的一些酶
Fe^{2+}	过氧化酶等
Cu^{2+}	细胞色素氧化酶等

1. 酶具有一般催化剂的性质

酶具有一般催化剂的化学特性，可以加速化学反应的进行，而其本身在反应前后没有质和量的改变，不影响反应的方向，不改变反应的平衡常数。

2. 酶具有极高的催化效率

一般而论，酶促反应速度比非催化反应高100—200倍。例如，化学反应：$H_2O_2 + H_2O_2 \rightarrow 2H_2O + O_2$

在无催化剂时，需活化能75276J/mol；当胶体钯存在时，需活化能48929J/mol；有过氧化氢酶存在时，仅需活化能8364J/mol以下。

3. 酶具有高度的专一性

一种酶只作用于一类化合物或一定的化学键，以促进一定的化学变化，并生成一定的产物。受酶催化的化合物称为该酶的底物或作用物。

4. 酶促反应的序列性

酶促反应具有很高的特异性，产物和底物各不相同。一个细胞可以同时进行数百种甚至更多的酶促反应，这些反应不是独立的，而是相互联系的，并形成序列性（如图4-4）。每个序列都有自己的生物功能，如葡萄糖的氧化等，多个序列反应进而组合而成细胞的代谢网络。酶促反应通过“产物-底物”连接起来的特征具有重要的生物学意义，它使细胞中物质和能量的代谢是高度严格有序的，它规定了细胞中的化学反应总是沿着特定路线进行。

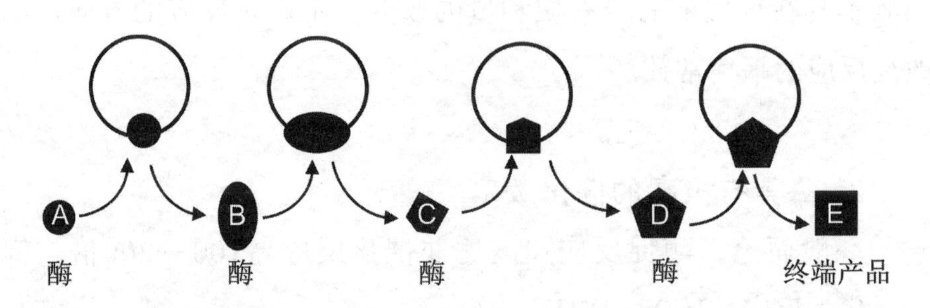

A——代表底物；
B—D——代表上一步的产物，同时也是下一步的底物；
E——代表产物。

图4-4　酶促反应序列示意图

第三节　遗传物质逆转录

一、蛋白质到 RNA 的逆转录过程

逆转录酶的发现，使遗传中心法则对于遗传信息从DNA单向转录RNA做了修改，遗传信息是可以在DNA与RNA之间相互流动的。

可是，病原体朊粒（Prion）的行为曾对遗传中心法则提出了严重的挑战。朊粒是一种蛋白质传染颗粒，它最初被认识是羊的瘙痒病的病原体。这是一种慢性神经系统疾病。1935年，法国研究人员通过接种发现这种病可在羊群中传染，意味着这种病原体是能在宿主动物体内自行复制的感染因子。朊粒同时又是人类的中枢神经系统退化性疾病，如库鲁病（Kuru）和克雅氏病（CJD）的病原体，也可引起疯牛病即牛海绵状脑病（BSE）。以后的研究证明，这种朊粒不是病毒，而是不含核酸的蛋白质颗粒。一个不含DNA或RNA的蛋白质分子能在受感染的宿主细胞内产生与自身相同的分子，且实现相同的生物学功能，即引起相同的疾病，这意味着这种蛋白质分子也是负载和传递遗传信息的物质。这是从根本上动摇了遗传学的基础。

客观地说，蛋白质也是一种遗传物质，朊病毒就是一个例子。此外，蛋白质还介导了动物的很多应激响应过程，并没有

DNA或RNA遗传物质的参与。

通过物种进化的研究分析，遗传物质不会仅仅转录翻译后控制蛋白质的表达，而是双向互动的转化过程。从最原始的遗传物质诞生和进化，到最复杂的人类，遗传物质的数量已经扩大到了几十亿，不仅有遗传物质的转录翻译后形成蛋白质的生理过程，还应该看到蛋白质反向表达合成遗传物质的进化过程，但是这一过程不会是简单地发生，因为进化和生理过程是完全相对的两个分子生物学过程，生理过程更强调已有器官组织和生理功能的实现，是现有遗传物质的正常转录翻译过程；而进化过程则相反，是生物体内的应激响应过程中形成的蛋白质信号转导分子在催化酶的作用下反向表达合成遗传物质的过程（后面章节会详细论述）。

很多生物学家都曾提出质疑，为何现有的生命科学文献中，没有任何人提到过蛋白质反向合成RNA的过程？我们只能说不具可比性。一个是发现，一个是发明。科学技术发展具有时代的局限性，需要世世代代的探索发展。可能在几百年、几千年后，在人类不断的探索和努力下，生命科学也会有更多的发现。尽管现有的科学技术手段不足以探索到整个微观生命世界，特别是基因，我们还需要不断地探索发现，但总有一天能够真相大白。

二、RNA 到 DNA 的逆转录过程

在该信息流中，RNA病毒及某些动物细胞可以以RNA为模板复制出RNA，然后再由RNA直接合成出蛋白质。还有一些病毒，

如癌细胞及动物胚胎细胞可以由RNA转录出DNA，称为逆转录过程。

前面知道，遗传信息可以从DNA向RNA方向传递，这是遗传中心法则的核心内容；而这里要研究的是与之相反的作用过程，遗传信息也可以从RNA传递给DNA。这与生物进化过程中遗传信息的积累是密不可分的。也可以说，这是生物进化过程的一个重要环节。

RNA逆转录过程的最初发现是从逆转录病毒的研究发现开始的，这一发现是遗传物质可以逆转录的有利间接证据。

逆转录过程需要有逆转录酶的催化作用才能进行。在这个过程中，遗传信息流动的方向是从RNA到DNA，正好与转录过程相反。如某些病毒逆转录酶中含Zn^{2+}，以脱氧核苷三磷酸为底物，从5'到3'合成DNA，反应需要引物。这种酶在许多方面与DNA聚合酶相似。

再来看病毒基因的整合与细胞转化过程。某些病毒的全部或部分核酸结合到宿主细胞染色体中称为基因整合。见于某些DNA病毒和逆转录病毒，逆转录RNA病毒是先以RNA为模板逆转录合成cDNA，再以cDNA为模板合成双链DNA，然后将此双链DNA全部整合于细胞染色体DNA中；DNA病毒在复制中，偶尔将部分DNA片段随机整合于细胞染色体DNA中。整合后的病毒核酸随宿主细胞的分裂而传给子代。一般不复制出病毒颗粒，宿主细胞也不被破坏，但可造成染色体整合处基因失活、附近基因激活等现象。

基因整合可使细胞的遗传性发生改变，引起细胞转化。细胞转化除基因整合外，病毒蛋白诱导也可发生。转化细胞的主要变化是生长、分裂失控，在体外培养时失去单层细胞相互间的接触抑制，形成细胞间重叠生长，并在细胞表面出现新抗原等。

1.逆转录酶的发现是科学研究遗传物质逆转录的起点

1970年，Temin 和Baltimore在劳氏肉瘤病毒和鼠白血病病毒（MLV）中发现了逆转录酶。从而证明了遗传信息也可以从RNA传递到DNA。

目前，科学工作者已从几种不同的RNA肿瘤病毒中分离纯化了这种酶。我国著名生物学家童第周教授在用核酸诱导产生单尾鳍金鱼的实验中，也证明了在真核细胞中存在着逆转录现象。

当RNA致癌病毒，如鸟类劳氏肉瘤病毒（Rous sar-coma virus）进入宿主细胞后，其逆转录酶先催化合成与病毒RNA互补的DNA单链，继而复制出双螺旋DNA，并经另一种病毒酶的作用整合到宿主的染色体DNA中（如图4-5），此整合的DNA可能潜伏（不表达）数代，待遇适合的条件时被激活，利用宿主的酶系统转录成相应的RNA，其中一部分作为病毒的遗传物质，另一部分则作为mRNA翻译成病毒特有的蛋白质。最后，RNA和蛋白质被组装成新的病毒粒子。在一定的条件下，整合的DNA也可使细胞转化成癌细胞。

逆转录酶具有三种酶活力：（1）它可利用RNA为模板合成互补DNA链，形成RNA-DNA杂化分子（RNA指导的DNA聚合酶活性）；（2）它以新合成的DNA为模板合成另一条互补DNA链，形成DNA双链分子（DNA指导的DNA聚合酶活性）；（3）具有核糖核酸酶活性，专门水解RNA-DNA杂化分子中的RNA链。

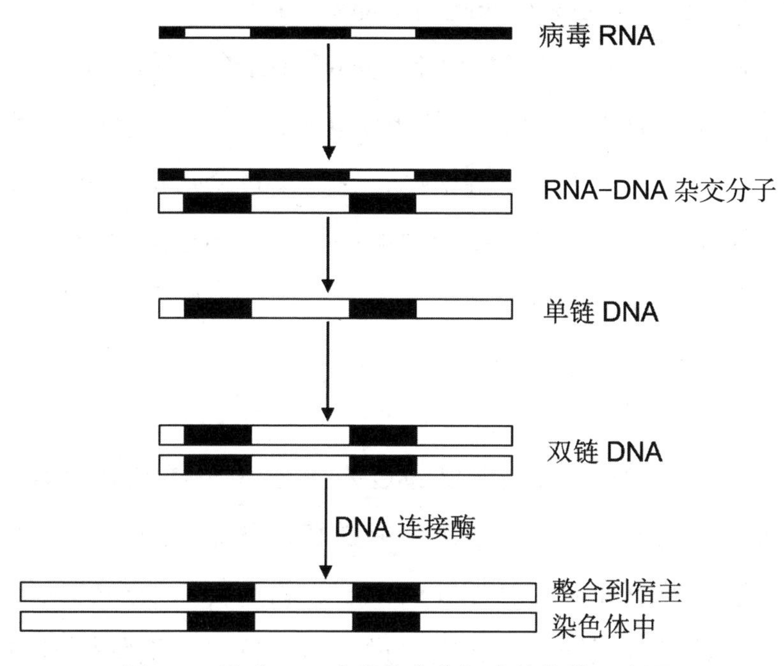

图4-5　致癌RNA病毒使宿主细胞转化的示意图

2. 逆转录病毒的发现是科学研究遗传物质逆转录的里程碑

正式命名逆转录病毒是源于生物学家对逆转录酶的不断研究深入，发现逆转录病毒实际上是一种RNA病毒，就将逆转录酶引导下使得RNA逆转录DNA的病毒称为逆转录病毒。艾滋病毒也是一种逆转录病毒。有的逆转录酶已提纯，可作为合成某些特定RNA的互补DNA的工具酶，也可用于DNA的序列分析和克隆重组DNA。这些病毒可以广泛诱发多种动物的淋巴瘤、白血病、肉瘤等。如人类T细胞白血病病毒（HTLV）、成人T细胞白血病病毒

（ATLV）和艾滋病病毒（HIV）等病毒都属于逆转录病毒。成熟的RNA病毒在电镜下呈圆形或类圆形。按其超微结构特点分为A、B、C、D四型。引起艾滋病的病毒即属于D型。

由此可见，遗传信息从DNA向RNA的单向转移并不是绝对的。逆转录病毒基因组含有的单链RNA分子，在感染周期中，RNA可通过逆转录产生单链DNA，它又反过来形成双链体DNA，而双链体DNA可成为细胞基因组的一部分，随后可以像其他基因一样在世代交替中不断地遗传下去。因此，逆转录作用使RNA序列能遗传下去并用作遗传信息。

3. 利用逆转录原理可以通过人工方式合成互补DNA链

科学家们为了更进一步地研究逆转录现象，通过人工调控方式利用逆转录原理逆转录互补DNA链，为遗传物质逆转录提供了直接的科学实验证据。具体实验过程是，首先将细胞核内的基因组经过转录，产生出前体RNA，经剪切作用后，其中的内含子被除去，形成了只有外显子的成熟mRNA。从细胞中分离出所需要的mRNA，再以mRNA为模板，在逆转录酶的作用下，根据碱基互补原则人工合成一段与之互补的DNA片断。逆转录完成后，RNA被降解。接着，再以第一条DNA为模板，人工合成另一条互补的DNA（cDNA）。这就是逆转录人工合成互补DNA的方法（如图4-6）。

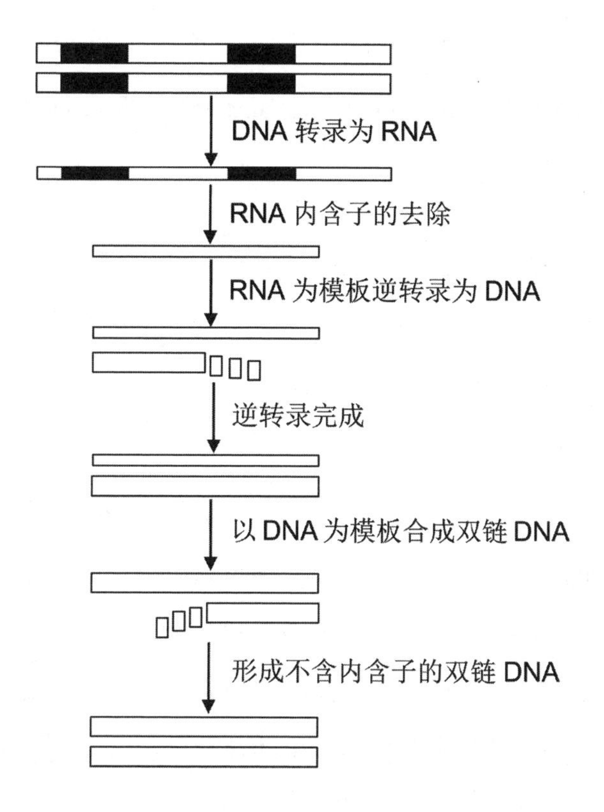

图4-6　逆转录人工合成互补DNA（cDNA）示意图

4. 逆转录的生物学意义

现代遗传学已经证明，DNA是生物遗传的主要物质基础。生物体的遗传特征是以遗传密码的形式编码在DNA分子上，表现为特定的核苷酸排列顺序，并且通过DNA的复制，把遗传信息由亲代传递给子代。在后代的个体发育中，遗传信息由DNA转录成mRNA，然后通过mRNA翻译合成特异的蛋白质以执行各种生命功能，从而使后代表现出与亲代相似的遗传性状。

在某些真核细胞里原有的mRNA也能在复制酶的作用下复制

自己。蛋白质在生物酶的作用下通过逆转录过程合成遗传物质RNA，再由RNA逆转录合成DNA。这样就需要对原来的“遗传中心法则”进行修改。

三、广义遗传中心法则

经典遗传中心法则是指，DNA通过转录形成RNA，RNA经过翻译形成蛋白质。

将逆转录补充到经典遗传中心法则中就会形成广义遗传中心法则。前面介绍过蛋白质也是一种遗传物质，朊病毒就是一个例子。此外，蛋白质还介导了动物的很多应激响应过程，并没有DNA或RNA遗传物质的参与。在某些特定条件下，蛋白质在生物酶的作用下通过逆转录过程合成遗传物质RNA，再由RNA逆转录合成DNA。那么就可以将遗传中心法则扩展成为广义的遗传中心法则。所以，广义遗传中心法则应该是如图4-7的形式。

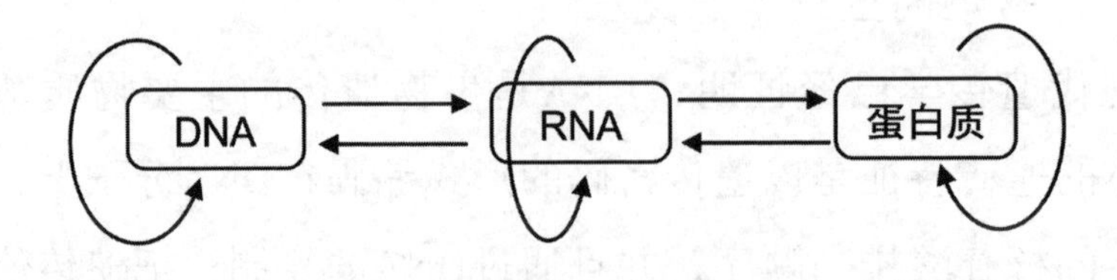

图4-7　广义遗传中心法则示意图

广义遗传中心法则，包括三个方面的重要内容。

（1）DNA→RNA→蛋白质

这是经典遗传中心法则内容，这是物种应激响应过程中最核心的信号转导部分（后面章节会有详细论述）。

（2）蛋白质→RNA→DNA

这是广义遗传中心法则中进化过程最核心的信号转导部分。物种的进化过程是获得性遗传，是遗传物质的积累过程，而不是突变过程。进化的目的是让后代通过遗传直接获取进化所获得的新基因，新基因是能够实现应激响应过程的，并能产生应激反应（包括性状表达）。简单地说，进化过程也是一种应激响应过程（后面章节会有详细论述）。

（3）蛋白质→蛋白质

从酶促反应、激素-激素、生理过程都可以看到很多蛋白质→蛋白质的调节过程，这种转导过程大多是改变了蛋白质的构象，而并非完整的自我复制，这是和遗传物质的复制有区别的。在现有已知的动物和植物的应激响应过程中，很多中间过程也是蛋白质→蛋白质的转导过程，这与蛋白质的结构特点有关，蛋白质的构象多样化造就了蛋白质在生命过程中具有信号转导方面的天然优势。

（4）RNA→RNA、DNA→DNA

这是遗传学中重要的遗传物质传递过程，是一种完整的自我复制过程。前面已经做了详细介绍，这里就不再多叙述了。

研究植物学或动物学信号转导时，有些应激响应过程是需要从DNA转录翻译成蛋白质进行信号转导的，而有些过程则是通过蛋白质直接进行信号转导的，还有一些是通过RNA直接翻译蛋白质进行信号转导的。例如，在植物细胞中，一个基因的转录、mRNA加工，以及mRNA从核到胞质的转运，整个过程需要花费30min。此外，蛋白质合成、细胞内转运也需要花费时间。所以，DNA介导信号转导过程是需要一定时间的。然而，植物的许多反应需要更加快速地在数秒内完成。例如，植物经常遇到由于云团掠过造成的光强忽高忽低的快速变化。强光对于植物细胞的光合组织会造成极大的伤害。植物叶片细胞对高光强的反应之一便是叶绿体的快速转向，使叶绿体的边缘面向光源，这样就使其表面受光最小化。这种反应不可能涉及基因转录和翻译的过程。因而，植物细胞中必然存在利用已有蛋白的活性改变而进行信号转导的机制。在上述例子中，叶绿体的重新取向就是受向光素（PHOT）的调控，向光素是一类定位于质膜的蓝光受体。这种光激活的蛋白激酶可诱导植物细胞骨架的快速变化和重新组建，从而引起叶绿体在数秒内重新取向。

第五章　基因表达理论

第一节　基因绝对论——遗传稳态

一、基因表达绝对论——遗传稳态

从前面的遗传中心法则中知道，基因能够准确地自我复制，基因通过转录生成信使mRNA，进而翻译成蛋白质的过程来控制生命现象，即贮存在核酸中的遗传信息通过转录，翻译成为蛋白质，从而形成丰富多彩的生物界。该法则表明信息流的方向是DNA→RNA→蛋白质。实现遗传物质的稳定传递过程，从而也能够保持主要关键性状的重复性，使得后代能够保持与父代性状的重复，如下图所示。

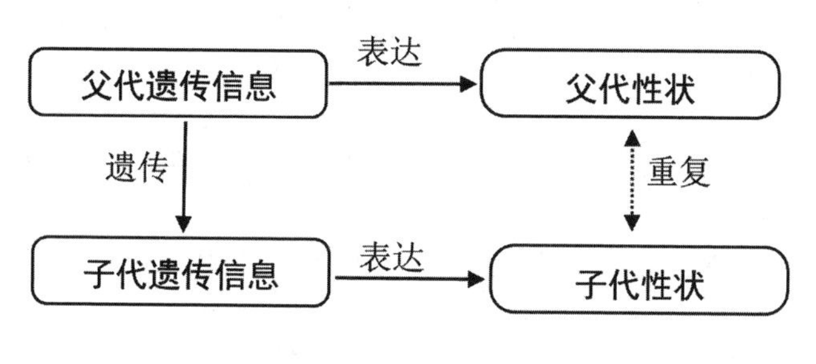

遗传稳态示意图

基因表达绝对论——遗传稳态学为我们揭示基因表达蛋白质的确定性和精确性。完整的染色体组合能够准确地表达出一个完整的个体。如人类的受精卵里如果含有XY染色体将发育成男性个体，如果是XX染色体将会发育成女性个体。

经典遗传理论如分离定律、自由组合定律、连锁互换定律，就是基因绝对论的经典实验。

二、分离定律，又称孟德尔第一定律

孟德尔的研究成果取决于巧妙的实验设计。他用豌豆进行了8年的杂交实验，将原始材料先栽植两年，再从中仔细挑选后代表现和父母一样的植株的种子作为试验材料。他选用了7对明显的相对性状，分别进行了一对对相对性状的杂交实验，杂交时，具有相对性状的两个品种相互作为父本或母本，得出的结果都是一样的。子一代（F_1）出现了一致的现象，只出现一个亲本的性状。子一代自花授粉所得的种子再种下去，得到子二代（F_2）植株，F_2出现了多样性，两种性状呈现了3∶1的数量关系。

孟德尔的豌豆杂交实验7对性状的结果

豌豆表型	F_1	F_2	F_2比例
圆形 × 皱形子叶	圆形	5474 圆 1850 皱	2.96∶1
黄色 × 绿色子叶	黄色	6022 黄 2001 绿	3.01∶1
紫花 × 白花	紫花	705 紫 224 白	3.15∶1

续表

豌豆表型	F_1	F_2	F_2 比例
膨大 × 缢缩豆荚	膨胀	882 鼓 299 瘪	2.95 : 1
绿色 × 黄色豆荚	绿色	428 绿 152 黄	2.82 : 1
花腋生 × 花顶生	腋生	625 腋生 207 顶生	3.14 : 1
高 × 矮	高植株	787 高 277 矮	2.84 : 1

（摘自陈小麟：《动物生物学》，高等教育出版社，2005年版）

分离定律具有普遍性，不仅在植物中广泛存在，其他二倍体生物都符合这一定律。如人类单基因遗传的个体差异现象和遗传病约有4344种（1988年统计数据），如虹膜的颜色，头发的颜色及性状（曲直），眼、口、鼻的形态，能否尝出苯硫脲（PTC）的苦味等都是个体差异现象。像多指、侏儒、裂手裂足等都是显性性状。

三、自由组合定律，又称孟德尔第二定律

孟德尔以具有两对相对性状差别的两个纯合亲本进行杂交，例如，一个亲本结圆形和黄色种子，另一个亲本结皱皮和绿色的种子，它们都是纯合体。在F_2代出现了四种性状组合类型，各相对性状仍保持3 : 1比例，即两对性状是独立遗传的。

下面是一个很有趣的昆虫行为遗传的例子：蜜蜂的卫生品系可识别患了腐臭病的幼虫，将蜂房的盖子打开，拖出患病的幼蜂再扔掉，使整个蜂巢保持清洁。但还有另一个不卫生品系，不具有以上

行为。这两种蜜蜂杂交产生的后代（F_1）全部是卫生品系，F_1互交产生的F_2代有四种类型：1. 卫生品系；2. 只会揭开蜂房的盖子，而不会拖出病蜂；3. 不会揭开盖子，如果人们帮它将盖子打开，这些蜜蜂会将病蜂拖出；4. 不卫生品系，既不会揭开盖子，也不会将病蜂拖出。这四种类型的比例为9∶3∶3∶1，符合自由组合定律。

四、连锁交换定律，又称第三定律

由摩尔根证明并完善的遗传学第三定律——连锁交换定律，其基本内容可以归纳为：处在同一染色体上的两对或两对以上的基因遗传时，联合在一起共同出现在后代中的频率大于重新组合的频率，重组类型的产生是由于配子形成过程中，同源染色体的非姐妹染色单体间发生局部交换的结果。重组频率的大小与连锁基因在染色体上的位置有关。

第二节　基因相对论——遗传变化

从量的方面来讲，一个基因表达的程度、深度和广度是一种量变的过程，这种就是遗传变化——基因相对论。

基因相对论只是对基因绝对论理论的补充。关键性、决定性的性状表达仍然需要由基因绝对论来进行控制。把这种由基因相对控制来决定性状表达的过程，称为基因相对论。

很多科学实验都证明了基因不是万能的钥匙，并不是所有基因都能确定地表达出相应的性状。相反地，在大多数情况下，由于各种生态位因子、内环境条件、细胞内蛋白质和信号转导调控等多种影响因素的存在，使得基因的表达出现不确定性，产生了一定的偏离，出现性状表达的个体差异性，这就是基因相对论的作用过程。

人类个体的发育过程中，其性格、相貌、体形、声音等发生了不同的变化，尤其相貌变化更为普遍；还有人声音的变化也非常明显；体形更是明显地发生变化，身高、体重、胖瘦等都会不断地发生变化；此外，第二性征的出现更是标志性特点，这些个体差异正是基因相对论的性状表达。

下面是基因相对论性状表达的几种典型表现。

1. 基因表达信号的开关和强弱来自应激响应过程

后面应激响应章节中会讲述，应激响应过程就是基因的表达受到了生态位因子的激发诱导作用，形成基因相对表达的结果。

如蜜蜂的种群里工蜂和兵蜂的基因是完全一致的，但在发育的过程中促成了不同的基因表达，于是出现了这两种蜜蜂在行为和体征上的巨大差异，外界的生态位因子，例如温度或者其在胚胎期的食物，都是促成工蜂和兵蜂表达不同基因的原因。

2. 物种生长发育过程就是基因相对论的作用过程

我们知道，生物都是从单细胞分裂起进行生长发育的，基因绝对论控制了器官组织和生理功能的形成，但是器官组织的发育程度，生理功能的成熟程度，都是基因相对论的作用过程。比如，我们知道人类的受精卵中有XY染色体就会发育成为男性，人类从受精卵开始每时每刻都在生长发育，每时每刻的器官组织和生理功能都有所不同。如果按年来计算，那么幼儿逐渐会发育成为儿童，儿童会发育成为少年，少年会发育成为成年，成年会发育成为老年，每一阶段的个体差异性非常明显，器官组织和生理功能有明显的变化，像高矮胖瘦、声线变化、第二性征等。

3. 一个基因在某个时相的开（或关）会调控下一阶段其他基因的表达（称为调控序列）

人类和黑猩猩的编码蛋白基因有99%是相同的，但二者的巨大差异是不言而喻的。这一现象的根源何在？美国科学家的一项最新研究表明，基因中的调控序列的变化速度远远超过编码蛋白基因，正是基因表达过程中相对控制作用造成的。

4. 基因表达的是一个模拟量过程

如果把基因表达绝对论比作开关量信号——就是要么开要么关的状态表达，那么基因相对论就类似一种模拟量的表达。一个基因对性状的表达是一个范围值，并不是一个特定的值，例如，在植物中一些基因表达后调控形成植物激素信号浓度梯度。

5. 基因表达的性状将会是父母亲本的混合遗传

如红花植株和黄花植株形成的受精卵，在生长发育过程中出现父母性状的混合表达，植株可能出现了一定数量的粉色植株。

6. 一种基因可以实现多种性状的表达，其中特定性状是主要产物，其他无关性状的表达是副产物

基因表达的特定性状是与应激响应过程有直接关系的，这是基因表达所需要的结果，这类性状就是主要产物。由于生物体内是一个独立的内环境，物质运输和信号转导大多依赖体液传递，那么基因表达过程中，通过转录翻译合成的蛋白质会随体液进行输送传递，这类蛋白质可能也会影响到很多性状的同时表达，除主要表达性状外，其他无关性状表达就是应激反应的副产物。这种情况在生物体内是非常多的。

例如，岩羊常年生活在山地，能在乱石间迅速跳跃，并攀上险峻陡峭的山崖，所以其脚趾磨损量是很大的，在应激响应过程中，会不断地增强脚趾的生长来平衡磨损量，这是主要的作用过程，脚趾的生长是主要产物。但是同时也看到岩羊两性都具有角，这与性选择肯定无关。而且雄羊角粗大似牛角，但仅微向下向后上方弯曲，长度达60cm左右，最长记录为84.4cm，这就是脚趾生长应激响应过程的无关性状表达，是一种典型的副产物，不断增殖的羊角并不能给岩羊带来任何好处，反而成为一种累赘，特别是在陡峭的山崖穿梭时由于粗大的羊角像树杈很容易碰触到岩石或树草等，直接影响到岩羊的身体平衡，也极容易导致其坠崖而丧命。至于有些人理解认为粗大的羊角是用来种内争斗

时能够获胜的有利性状，能够吸引异性，这完全是一种误解，就是因为目前生物学家过度地依赖基因绝对控制论，认为所有的性状表达都是特定基因的表达，殊不知一种基因同时可以表达很多的性状，某些无关性状只能是副产物。当然副产物的表达同时也能侧面反映出主产物的表达状态，这是一种内相关的作用过程。

7. 基因表达受功能协调性调节

不管动物身材高大，还是矮小，口器总是能触及地面上的食物。如大象的鼻子长短是与其身高相关的，以象鼻能够够到脚下的水草为限。

还有，动物类执行任何一个生理功能或行为动作，都需要多个器官、组织、细胞的协调配合，一起协同作用达到特定功能的实现。

8. 环境激发作用带来的偏好性诱导适应性突变

近年来，生物学家改进了基因突变分析模型，并采用非致死性选择条件后（环境激发作用下），细胞的突变率被证实不是一个常数， 而是一个变量；而且环境的选择性条件可偏好性地诱导适应性突变。所以，外界的环境条件被认为能够诱导基因突变，从而促进生物的进化，使得物种出现不同变异性状，形成个体差异。随着胁迫因子诱导细胞突变过程的深入研究，形成了细胞突变被诱导产生的观点；即当细胞处于胁迫因子激发时，细胞生长速率缓慢，细胞内容易积累转导物质，从而导致胞内产生大量的损伤DNA；这些转导物质和损伤的DNA会激活胞内的压力应激反应和SOS反应；细胞的DNA合成由原来的高保真复制状态转变为易于突变的修复状态，从而产生适应性突变。

9. 表观遗传学机制

表观遗传学是研究基因的核苷酸序列不发生改变的情况下，但基因表达却发生了可遗传的改变。这是因为细胞内DNA序列之外的其他可遗传物质发生了改变，且这种改变在个体发育和细胞增殖过程中能稳定传递。表观遗传的现象很多，已知的有DNA甲基化、基因组印记、组蛋白修饰、染色质重塑、母体效应、基因沉默、核仁显性、休眠转座子激活和RNA编辑等。

表观遗传信息是动态变化的，具有细胞特异性，并受环境影响。表观遗传机制主要在转录水平调控基因表达，而非编码RNA以及RNA表观遗传修饰，如真核细胞mRNA中最常见的N6-甲基腺苷（m6A）修饰，则可在转录、转录后和翻译等不同水平调控基因表达。

生物受其生存环境的影响，可通过表观遗传的方式获得新性状，以适应环境的变化。对胎生动物而言，在发育的关键窗口期，包括配子发育、交配受精、妊娠和哺乳期，亲代可通过配子（卵子和精子）、胎盘、母乳以及微生物等途径将体内外环境变化的信息传递给子代，通过表观遗传学机制改变子代的性状。特别是母亲在生殖过程中扮演着更重要的角色，对后代的性状影响也会更大。

第三篇

应激响应理论

应激响应是指物种个体在生态位因子的激发下，感受器官接收激发信号输入，通过体液、神经系统或神经体液的逐级诱导应答响应的过程，促使效应器官产生应激反应，应激反应对相应的生态位因子形成利用或抵制作用。应激响应会形成一个主要的应激响应通路。

从遗传学角度看，应激响应是一个或多个基因参与的性状表达的过程，也是基因相对论的一种特殊的表达过程。

第六章　应激响应构成要素

应激响应过程需要保持一定时间或空间的持续性，这样才能使物种个体进行性状积累，实现利用或抵制生态位因子。这种持续性包括生态位因子的持续性、应激响应物质的持续性、应激反应的持续性、利用或抵制过程的持续性等。当然持续并不一定意味着会连续发生，也可能是周期性的，也可能是交替出现的，也可能是间断性的，也可能是不特定的；但至少是在除生理间隔、自然间隔外的持续性，如动物的行为必然会由于日夜轮替、睡眠、冬眠等而中断。

应激响应的强弱程度是一个很重要的指标，与物种个体对生态位因子感受强弱程度有关。越是能够直接影响到物种生存的激发信号产生的应激响应程度就会越强烈，如鹿看到豹子，会加速拼命地逃跑，而如果见到一个人就只会躲开。要是间接起作用的激发信号或是无关的信号，就很难引起物种的应激响应，如果一个人拿着棍子挥动，牛会很快地逃离开，但若这个人空手对着牛挥手，牛一般不会理睬。

植物与动物使用不同的信号体系来调节其生长发育过程。例如，植物生命周期中许多关键的发育事件（如萌发、叶片形成、开花）受生态位因子（如温度、光、日照长度）的调节。

与此相比，动物的发育过程主要受生理（即内部信号）的调控。这些差异反映了植物的固着生活方式与动物可移动的生活方式的差异。

第一节　感受器官

生态位因子在前面生态位章节全面地进行了叙述，这里就不再详细介绍了。

感受器官是指接收生态位因子及变化激发信号的器官组织，包括感觉细胞和附属结构。

通过人类或高等动物类的不同感受器官种类来了解不同的信号输入，如触压感受器官，是存在于指尖、口唇、乳头等部位的皮肤中，裸露的神经末梢、触觉小体（触觉感受器官）、环层小体（深部压力感受器官），可以感受到体外的任何接触和压力。热感受器官主要指皮肤、舌器官，可以完全感受到外界环境条件的温热程度。平衡和听觉器官，指耳蜗内的毛细胞、前庭器（半规管），能够使人或高等动物感受到声音信号，及保持身体平衡的作用，动物对声音信号能够接受的范围不同，有的还能听到次声波、超声波；对听觉的感受程度也会不同，如猫头鹰可以感受很微弱的声响。而视觉和光感受器官，指视锥细胞（颜色）、视杆细胞（暗视）等，可以让物种个体能够对光线发生感应，但是不同的物种依据其生理功能的不同需要会对不同频段的光线发生感应，如有的动物对红外线、可见光、紫外线等发生感应，当然不同的动物对光线的强度感受也会完全不同。还有化学感受器官，指味觉和嗅觉（味蕾、嗅觉细胞），可以感受到环境中的不同气味和味道，对于不同的物种能够感受气味和味道的程度会有所不同，例如狗对很微弱的气味都能够发生感应。

物种个体内环境引起的激发信号能快速响应，这是由于感受器官接收信号输入的过程已经内置，大大缩短了应激响应的路径。

此外，由动物类的智慧能力产生的记性、印象、直觉、经历、经验、随意等，可以通过神经系统直接发起应激响应过程。

生物体的各种感受器官在机能上都具有以下共同特点。

一、各种感受器官都具有各自的适宜范围

所谓适宜范围是指只需要极小强度的生态位因子激发作用即能引起感受器官发生感应。例如，光感受器官：370—740nm，声音16—20000Hz机械振动波。一般感受器官的结构和机能分化越高，其敏感性和特殊性也越明显，有利于集中对激发信号做出精确的反应。

二、各种感受器官都具有换能作用

在植物类中，各种感受器官的信号输入主要转换成体液浓度梯度信号。

在动物类中，能把感受器官的信号输入转变为传入神经纤维上的动作电位，传入中枢神经系统相应部位。这就是动物类的一种换能作用。每一种感受器官看作是一个特殊的生物换能器。光能、机械能、声能、化学能等都能换能成电位能。发生器电位或感受器官电位，与信号强度和持续时间成比例，而传入神经元的动作电位的频率又与发生器电位成比例。中枢神经系统通过众多传入神经纤维获得来自各感受器官的传入信号。

三、处理作用

感受器官具有过滤、阻尼、筛选、夹杂、分解等不同感知机制，会将信号进行一定的处理转化。有些信号形不成有效的感知作用，就无法形成信号输入。

动物有两种器官组织具有过滤功能，分别是感觉器官和中枢神经系统，这两种器官组织选择信息的过程分别是外周过滤和中枢过滤。

外周过滤可以借助两种方式实现：感觉器官要么对一些激发信息毫无感受能力；要么对激发信息能够做出感受，却不能把信息传送到中枢神经系统。

中枢过滤的机制现在仍未完全弄清楚，但是动物几乎对所有的复杂生态位因子发生反应的时候，似乎都是这种过滤方式在起作用。

动物种类的感受器官会把生态位因子激发信号转换成神经动作电位，不仅仅是发生能量形式的转换，更重要的是把激发信号所包含的环境变化的信息也转移到新的电信号系统中，这就是所谓的编码作用。关于外界激发信号的质和量以及其他属性为何编码在神经特有的电信号中，是十分复杂的问题，目前尚不清楚。目前仅知道对于不同感觉的触发，不仅决定于激发信号的性质和感受激发信号的感受器官，也决定于传入信号达到大脑皮层的终点部位。例如，用电流刺激病人的视神经，信号传至枕叶皮层即产生光亮的感觉。又如，临床上遇有肿瘤等病变压迫听神经时，会产生耳鸣的症状。这是由于病变引起听神经信号传到皮层听觉中枢所致。由此可见，感觉的性质决定于传入信号达到高级中枢的部位。至于在同一感觉类型的范围内，对激发强度（或量）如何编码问题，目前认为感受器官可通过改变相应传入神经纤维上的动作电位频率来表示激发的强度。激发加强时，还可使一个以上的感受器官和传入神经向中枢发送信号。

四、各种感受器官都具有感觉钝化现象

钝化现象指感受器官的触发信号仍存在时，而感觉逐渐消失。这种现象也常常体现在生活中，如“入芝兰之室，久而不闻其香”，就是嗅觉对激发信号的感觉钝化现象。实验也证明，当激发信号仍继续作用于感受器官时，而传入神经纤维上的动作电位频率有所下降，这些都证明感受器官具有感觉钝化现象。

第二节 应激转导物质

应激响应过程会直接受到生物本身的体形形态、生理功能、器官构造、体内化学物质等的影响。一般而言，生物可以通过以下三种途径来对生态位因子激发发生信号转导：一种是体液信号转导作用，依靠体液可以使生物体内发生连续的调节反应（指体内激素或化合酶的分泌或消失）。另一种是神经信号转导物质，通过神经系统对信号的转导作用产生应激响应过程；这里，也包括智慧作用所产生的应激响应过程。还有一种最发达的是神经体液类（神经内分泌）信号转导物质，通过神经系统和内分泌互相作用介导应激响应过程。

生物的体液信号转导是最基础的信号转导物质。植物类的体液信号主要进行生理功能调节，如植物类的含羞草在有外界碰触时会将叶片闭合，向日葵会在日光照射下向着太阳方向旋转，牵牛花、豆角的枝干会攀附在立着的植物或杆上，等等。

对于动物类，更主要的是能够依靠神经或神经体液（主要是内分泌系统）的联合转导方式来完成应激响应。动物可以通过神经系统转导作用将感受器官的输入信号传导至中枢（脑、脊髓），经过大脑神经系统的计算后，再由中枢发出输出信号至效应器官，使生物体发生相应的应激反应。

信号接收过程实际上是信号转导途径的开始。信号转导途径的作用是把信号从受体上传递到细胞内发生专一的响应。这种传递有点像多米诺骨牌，第一个受体活化第二个受体，第二个受体又活化第三个，如此类推。应该注意的是，原来的信号分子并不必参加信号转导途径，在大多数情况下，它甚至并不进入细胞。信号转导只是某种信息的传递。每一个传递步骤中传递的大都是蛋白构象（形状）的变化，而这种变化往往又是由磷酸化作用引起的。

使蛋白质磷酸化的酶称为蛋白激酶，其作用是使三磷酸腺苷（ATP）中的一个磷酸根转移到蛋白质上。蛋白质分子中最常发生磷酸化的是两个带有羟基的氨基酸，即丝氨酸和苏氨酸。这类激酶普遍存在于动物、植物和真菌的信号转导途径中。蛋白激酶的重要性怎样强调都不会过分，人类的基因中大约有1%是编码蛋白质激酶。一个细胞中可能有数百种蛋白激酶。

信号转导途径的开启是靠蛋白质的磷酸化，那么，当外界不存在信号时，细胞又如何关闭这条途径呢？原来靠的是蛋白磷酸酶，即从蛋白质上移去磷酸根的酶。细胞中调节蛋白质磷酸化的是蛋白激酶与蛋白磷酸酶之间的平衡。

尽管植物与动物在发育方面存在明显的差异，但它们在信号体系方面却存在许多共性。例如，植物细胞与动物细胞都使用胞内第二信使物质而触发应激响应，如钙离子、脂信号分子、pH变化等，如“信号转导的一般模式与实例示意图”所示。

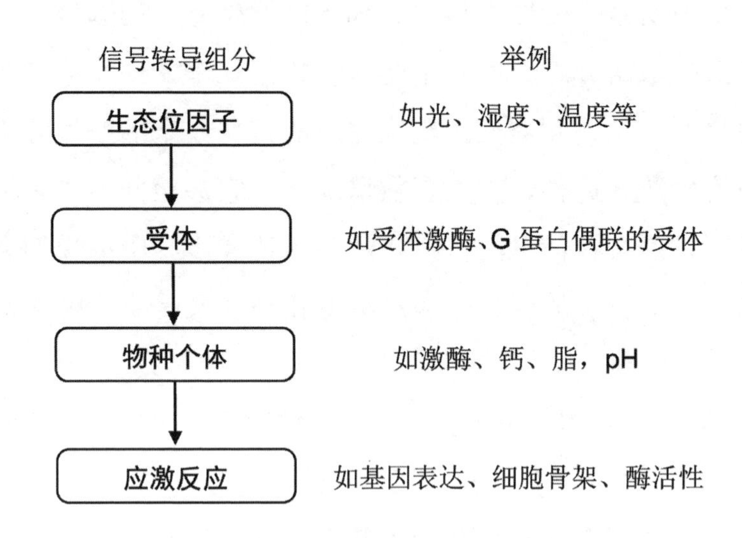

信号转导的一般模式与实例示意图

质膜是感受胞外信号的理想部位，因而动物与植物受体激酶通常位于质膜。信号分子与受体的胞外侧结合将触发产生胞内信号级联反应。例如，植物中油菜素内酯受体（BRI1，油菜素内酯不敏感1）与动物成纤维细胞生长因子（FGFR）均包含激酶结构域。对于动物成纤维细胞生长因子受体而言，受体结合将触发受体的自身磷酸化并形成二聚体。与此相似，植物激素油菜素内酯与受体（BRI1）结合也将触发受体的自身磷酸化并与第二个称为BRI相关的受体激酶（BAK1）受体形成二聚体。

高等植物具有一套独特的信号转导组分和信号传递机制，其主要原因之一就是植物的信号传递系统源自其原核和真核祖先的共同进化。植物叶绿体的信号转导组分来自单细胞真核祖先和原核祖先。例如，拟南芥基因组包含2个隐花色素相关的基因（CRY1和CRY2）。隐花色素属于细菌的黄素蛋白，作为DNA光裂合酶在紫外线照射而产生的嘧啶二聚体修复中起作用。拟南芥中隐花色素缺失了关键的氨基酸残基而失去了DNA修复的功能。然而，它们介导了光调控的茎伸长、叶片扩展、光周期调控的开花以及昼夜节律。

第三节 效应器官

效应器官是指能对应激响应过程产生应激反应的器官组织。物种个体体内的任何一个细胞、组织、器官、系统，甚至整个个体都可能是效应器官。

效应器官由多种器官组织协同起作用，多种器官组织的功能协调性产生应激反应。比如人们在遭受惊吓时会毛骨悚然、头皮发紧、呼吸停滞、心跳加速、打冷战、冒冷汗等协同作用，将共同导向一个逃跑的应激反应。

应激响应过程是生物器官组织和生理功能执行应激响应信号输出的过程。

应激反应有很多种，如细胞、组织、器官、系统，甚至整个身体的结构变化，生理功能的改变，体液的变化，大脑智慧的变化，应激响应通路的变化，等等。

对于动物而言，还有一类最主要的应激反应就是行为，动物的行为是通过器官组织和生理功能协同起作用的，以达到功能协调性的过程。

对于植物而言，还有一大类应激响应过程就是胁迫反应，这一过程受到胁迫因子（恶劣或不利植物生长发育的生态位因子）激发作用，通过体液应激响应过程，产生胁迫反应（通过负反馈对胁迫因子进行抵制的作用过程）。

有些应激反应是长期的，有些是短暂的，有些是交替的，有些是周期的，不一而足。有些应激反应较强烈，有些则较微弱。

第七章　植物应激响应理论

植物应激响应是指植物在生态位因子的激发下，感受器官接收激发信号输入，通过体液的逐级诱导应答响应过程，促使效应器官产生应激反应，应激反应对相应的生态位因子形成利用或抵制作用。植物应激响应过程是发生在个体器官组织的信号输入、信号转导、信号应答的过程。对于植物而言，应激响应主要是依靠激素类进行信号转导的。

植物的生长发育受六大类激素的调控，它们是生长素、赤霉素、细胞分裂素、乙烯、脱落酸和油菜素甾醇。

第一节　植物激素（体液）

没有细胞、组织和器官之间的信息交流，就不可能形成多细胞的、可正常发挥功能的生物体。高等植物中，代射、生长和形态建成的调控与协调通常需要植物体内移动的化学信号——植物激素。激素是产生于某种细胞或组织的化学信号物质，它们通过与特定的蛋白受体相互作用来调节其他细胞的生理过程。像动物中的激素一样，大多数植物激素在一种特定的组织内合成，而以极低的浓度在其他组织中发挥作用。植物的生长发育受六大类激素的调控，它们是生长素、赤霉素、细胞分裂素、乙烯、脱落酸和油菜素甾醇。

植物中还鉴定出一系列在抵抗病原菌和防御食草动物侵害中起重要作用的其他信号分子，包括耦合形式的茉莉酸、水杨酸和多肽系统素。最近的研究表明，独脚金内酯是一种可传送的信号分子，它调控侧芽的生长。因此，独脚金内酯也可能是一种植物激素。其他类型分子，如类黄酮，既可以在细胞内也可以在细胞外作为信号转导物质发挥作用。实际上，植物激素的种类还在不断增加。

一、生长素

生长素是植物中第一种被研究的促进生长的激素。大多数早期植物细胞伸展机制的生理学研究都与生长素的作用相关。生长素信号调控植物生长发育的每一个方面。而且，生长素和细胞分裂素不同于其他植物激素和信号物质的一个重要方面是：它们是植物胚存活所必需的。尽管其他植物激素可以作为调节植物某些特殊生长发育过程的开关，但是植物自始至终都需要一定量的生长素和细胞分裂素。生长素主要针对细胞伸长和植物向性运动（如向光性、向地性、向触性），而且生长素调节多种生长发育过程，如茎伸长、顶端优势、根发生、果实发育、分生组织发育和向性生长。主要的生长素是吲哚-3-乙酸（IAA），是在植物分生组织和细嫩的分裂组织中合成的。植物中的生长素主要来源于茎的顶端，很长时间以来人们一直认为极性运输是造成从茎尖到根尖的生长素浓度梯度的主要原因。生长素从茎到根的纵向浓度梯度影响多种生长发育过程，包括胚胎发育、茎伸长、顶端优势、伤口愈合和叶片衰老。在茎干、叶和根中，生长素极性运输的最主要部位是维管束的薄壁组织，很可能是木质部。草本的胚芽鞘是一个例外，在其胚芽鞘中，极性运输主要通过非维管束的薄壁组织。

几乎已知的所有植物信号组分对生长素运输或者依赖于生长的基因表达都有影响。生长素本身调控编码，生长素转运蛋白基因的表达，通过增加或者减少这些基因丰度来调控生长素的水平。例如，乙烯通过改变AUX1吸收和PIN1外流转运蛋白的活性和丰度影响生长素运输流。虽然乙烯可能通过改变生长素的合成影响根中生长素运输，但乙烯可能特异性地调控了侧根的发育。还有，油菜素甾醇、细胞分裂素、茉莉酸、赤霉素、独脚金内酯和一些黄酮也能调控生长素的运输，主要通过改变编码生长素转运蛋白的基因的表达、转录因子的活性或者细胞运输的机制等。

二、乙烯（C_2H_4）

乙烯也是一种重要的植物激素。高等植物几乎所有的器官都能产生乙烯，植物组织类型和发育阶段不同，乙烯的合成速度也不相同。在叶片脱落、花器官衰老及果实成熟的过程中，乙烯的合成量增加。植物受到伤害和生理胁迫因子作用，如涝害、病害及高温或干旱时都能诱导乙烯的生物合成。除此之外，病菌感染也能促进乙烯的合成。

乙烯的表现型主要有以下几个方面：1.最主要是促进某些果实成熟。在日常生活中，果实成熟指果实达到了可以食用的程度。果实成熟要经过许多转变，如细胞壁被酶解后果实变软、淀粉水解、糖分积累和包括单宁等某些有机酸及苯酚类化合物的消失。从植物角度看，果实成熟意味着植物种子做好了散播的准备。种子的散播依赖于动物的摄食，此时成熟与可食性成了很好的同义词。色彩亮丽的花色素和类胡萝卜素通常积累在这些果实的表面，使果实格外醒目。然而，对于依赖机械或其他方式散播的种子，果实成熟意味着这种果实成熟后干燥裂开。2.乙烯诱导细胞横向扩张。3.导致避光生长幼苗顶端形成弯钩。4.可打破某些植物的种子和芽的休眠。5.促进水生植物伸长生长。6.可诱导根和根毛的形成。7.在一些植物中调控开花和性别决定。8.促进叶片衰老。9.介导某些防御反应。

三、脱落酸（ABA）

脱落酸是一种重要的植物激素。它调节植物的生长和气孔关闭，尤其在植物受到生态位因子的影响时发挥作用。它的另一个重要功能是调节种子的成熟和休眠。

脱落酸在调节种子发育、种子和芽休眠、萌发、营养生长、衰老、气孔调节及胁迫反应中发挥作用。在发育的种子中，胚和胚乳的基因型控制脱落酸合成，这对诱导休眠至关重要。种皮的母本基因型在胚发生中期控制脱落酸积累，后者抑制胚萌。

种子发育过程中，脱落酸促进储藏蛋白、脂及参与脱水耐性形成特异蛋白等的合成。种子的休眠和萌发由脱落酸与赤霉素之间的比例控制。在萌发的种子中，脱落酸抑制赤霉素诱导的水解酶合成。脱落酸对根和茎生长的效应依赖植物的水分状况。

脱落酸极大地促进了叶片衰老，因而增加了乙烯形成和刺激脱落。

脱落酸在休眠芽中积累，抑制芽的生长，脱落酸也可与促进生长的激素如细胞分裂素和赤霉素相互作用。

在应答水分应激响应中，脱落酸通过使正电荷内流进入保卫细胞诱导膜的瞬时去极化关闭气孔。这些瞬时变化导致细胞中大量K^+离子和阴离子持续外流，从而降低了保卫细胞的膨压。

保卫细胞脱落酸诱导的变化能抑制质膜H^+-ATP酶活性，导致膜的去极化。

四、油菜素甾醇（BR）

油菜素甾醇（BR）是甾醇类激素，调节植物生长发育的多个过程，包含茎和根中的细胞分裂和细胞伸长、光形态建成、生殖发育，叶片衰老和逆境响应。

油菜素甾醇是一类含多羟基的甾醇类激素，其中油菜素内酯（BL）是植物中分布最广且活性最高的油菜素甾醇。

油菜素甾醇不但参与纤维、侧根和维管系统的发育，也参与顶端优势的维持、花粉管生长、种子萌发、叶片衰老和植物防卫。油菜素甾醇既促进细胞增殖又促进细胞伸长。

油菜素甾醇维持细胞壁生长所必需的正常的微管丰度和排列组织。低浓度油菜素甾醇促进根的生长，高浓度油菜素甾醇抑制根的生长。油菜素甾醇通过改变生长素的极性运输来促进侧根发育。油菜素甾醇促进木质部的分化并抑制韧皮部的分化。油菜素甾醇通过与包括赤霉素和脱落酸在内的其他激素相互作用来促进种子萌发。

第二节　植物体液应激响应原理

植物应激响应过程是通过细胞内的信号转导途径和基因的转录表达来实现的。

对植物来讲，生态位因子有光、电、体液、病原等。植物类只能通过精确、完善的体液信号转导系统来进行应激响应，以此来利用或抵制周围生态位因子。从生态位因子作为信号输入，直到物种个体的效应器官组织发生应激反应，就是整个应激响应过程（如图7–1）。

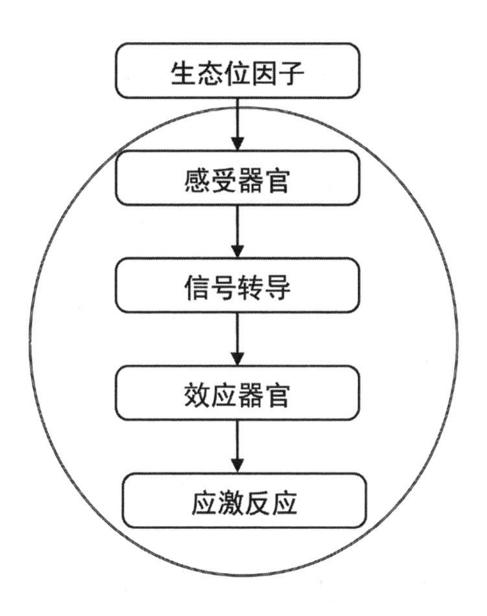

图7-1　植物体液应激响应过程示意图

对于植物类应激反应主要表现为体液调节作用下的生理反应。例如植物的生长或抑制、气孔开闭、耐寒、耐冻、耐热等。

一、植物信号转导往往涉及阻抑蛋白的失活

动物中许多信号转导途径往往表现为一系列正调节因子的激活。例如，成纤维细胞生长因子（FGF）与受体结合启动MAP激酶的级联激活，最后的MAP激酶激活转录因子并启动基因表达（如图7-2 A列）。

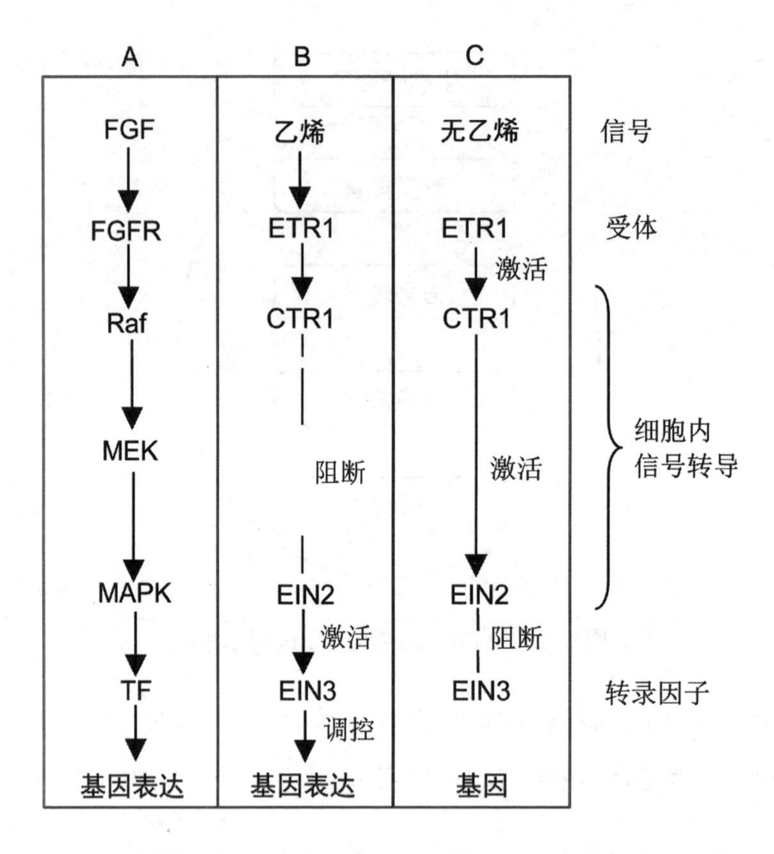

图7-2 植物细胞与动物细胞信号转导途径的功能配置的差别

相反，植物中大多数信号转导途径通过失活阻抑蛋白而实现。植物乙烯信号转导途径在无乙烯与受体激活时处于活化状态，无乙烯存在时，信号组分CTR1可能通过MAP激酶级联途径抑制基因的表达，这一过程中MAP激酶级联途径使转录调节因子EIN2失活（如图7-2 C列）。在乙烯存在时，CTR1途径被阻断，EIN2活化并激活特异的转录因子（如图7-2 B列）。这种负调节因子的失活导致转录因子EIN3的激活，并引起转录水平的反应。油菜素内酯（BR）与受体蛋白BRI1的结合导致阻抑蛋白BIN2的失活（BIN2正常表现为抑制油菜素内酯诱导的基因转录）；从而引起转录因子BES1和BZR1的激活。

为什么植物细胞的信号途径利用负调节，而不是像动物细胞一样使用正调节途径？基于负调节信号转导途径的数学模型提示我们，负调节途径可更加快速地诱导下游基因的表达。在胁迫因子如干旱的反应速度对于固着生活的植物来说至关重要。因此，植物细胞中这种大量的信号负调节系统也许是长期进化的结果。

阻抑蛋白失活的另外一种信号转导途径是蛋白质的降解，此机制在生长素信号途径中首次被发现。在这一途径中，当生长素与受体复合物结合时，引起生长素——3-吲哚乙酸（AUX/IAA）阻抑蛋白被多个称为泛素的小分子蛋白所标记，启动了蛋白质降解系统。这种泛素标记的目标蛋白将被降解，这一蛋白降解途径称为泛素化途径。在生长素存在时，AUX/IAA阻抑蛋白被泛素标记并降解，从而使生长素响应的转录因子ARF被激活并诱导基因表达。

蛋白质降解是植物信号途径的普遍方式。自从人们观察到生长素信号途径中泛素依赖的蛋白质降解现象以来，关于蛋白质降解在信号转导机制中的作用得到了广泛而深入的研究。到目前为止，泛素依赖的蛋白质降解几乎在所有的植物激素信号转导途径中都存在，这些途径包括茉莉酸（JA）和赤霉素（GA）。茉莉酸信号参与植物的抵抗食草动物和寄生病原菌反应，而赤霉素则调节种子萌发、茎秆的伸长以及叶片大小与形状决定等重要的生长发育过程。

茉莉酸和赤霉素与生长素的信号转导途径类似，这些信号途径均有各自的泛素E3连接酶亚组复合物SCF的参与，导致转录抑制因子的降解。JA受体COI1通过影响JAZ阻抑蛋白的降解而调控JA的信号反应。与 AUX/IAA蛋白类似，JAZ蛋白同样抑制JA反应的基因表达。JA诱导泛素依赖的JAZ阻抑蛋白的降解从而释放并激活转录因子MYC2，进而诱导JA响应的基因表达。

二、植物已经进化出信号反应的关闭或削弱机制

我们有理由相信，对于细胞来说，关闭信号反应与启动信号反应同等重要。植物已经进化出了多种机制以实现这一调控过程。植物细胞通过蛋白质脱磷酸化可以调节大量的信号转导中间组分的活性，如受体和转录因子。例如，光受体光敏素在细胞核内被泛素E3连接酶COP1泛素化并降解。

反馈调节的另外一种关键作用是信号的弱化途径。例如，AUX/IAA基因编码生长素响应的蛋白，在它们的启动子区存在生长素反应元件的结合位点。因此，AUX/IAA蛋白可以结合到自身基因的启动子区并抑制自身基因的表达。

激素信号途径往往受到多种负反馈机制的共同调节。这一机制在GA信号途径中表现得最为突出。具有生物学活性的GA（如GA4）通过复杂的途径经过多步酶催化而合成。这一合成途径的最后两步催化酶属于*GA20ox*和*GA3ox*基因家族成员，它们的表达受GA的抑制。因此，GA可抑制自身的合成。

相反，GA可以刺激GA代谢酶*GA2ox*基因的表达。也就是说，GA可诱导自身的降解。另外，DELLA蛋白可以刺激GA受体基因*GID1*的表达，这样就增加了细胞对GA的敏感性。因此，DELLA蛋白很有可能也将被降解。这样，在GA生物合成、感受和失活途径中存在多种正反馈和负反馈调节机制。这些机制共同精细调节植物生长发育过程中GA的水平和响应（详情请参阅相关资料书籍）。

三、信号转导途径的相互交叉与整合

植物细胞中，信号转导途径从来都不是孤立地发挥作用，而是作为复杂信号转导网络的一部分起调控作用。对这一点的认识有助于我们理解为什么植物激素与其他信号互作时，有时候表现增效（增加的或正调节）作用，而有时候又表现为拮抗（抑制或负调节）作用。最经典的例子如GA和脱落酸在调控种子萌发中的相互拮抗作用。

拟南芥下胚轴细胞的伸长受光和赤霉素共同调节，可以看作是负的初级交叉调节机制的代表。这一例子中，光和GA调节共同的下游信号组分，两个密切相关的转录因子PIF3和PIF4，最终刺激下胚轴的伸长。PIF3/4的积累分别受GA的正调控和光的负调控。

黑暗诱导的下胚轴伸长是由于PIF3/4积累的结果。然而，在光下，红光受体PHYB致使PIF3/4降解因而导致细胞延伸削弱表现为下胚轴缩短。在GA存在时，PIF3/4转录因子直接与 DELLA蛋白结合而失活。但是，过高的GA水平导致 DELLA蛋白的降解，并释放PIF3/4转录因子并促进细胞伸长。

人们已逐步清晰地认识到，植物的信号途径不是简单的线性转导过程而是多种信号途径间存在互相交叉和相互影响。对于这种复杂信号途径的理解往往需要建立新的科学研究方法，其中系统生物学方法就是新研究方法的重要代表，该方法利用数学和计算机模型来模拟细胞信号途径的复杂网络并能够更好地预测其输出结果。

四、信号传递的时空性

植物信号不仅限于单个细胞内的转导网络。作为多细胞有机体，植物已经进化出了一套复杂的信号转导机制，以应对组织、器官乃至个体水平上每个细胞的生长发育需要。在这里，我们讨论的信号将涉及更宽的生理范围，从数纳米到数米的距离跨度、从数秒到数年的时间跨度。

1. 植物信号在多种距离跨度上的转导

信号传递可以在非常短的距离内发生（即细胞之间）。

一个器官复杂的生长反应往往涉及多种细胞类型的信号转导过程。根沿重力方向的定向生长反应便是此方面的一个典型例证。简单说，根尖干细胞可通过特化的充满淀粉的质体（称为淀粉粒）而感知重力方向的变化。重力诱导的淀粉粒位置的变化引起生长素外向转运体PIN3的重新分布，并在根尖产生生长素梯度。重力诱导的生长素梯度通过侧根冠从中柱细胞传递到伸长区细胞。

生长素既可以看作短距离信号也可以看作长距离信号，其在邻近的细胞、组织和器官中发挥作用依赖其特异转运体的分布。

植物中一个器官的生长发育往往受来自另外一个器官的信号的影响。例如，茎尖分生组织从营养生长到生殖生长的转变（称为开花诱导）可被来自叶片的信号触发启动。长日照诱导的信号可诱导“开花时间基因”（FT）的表达，该基因编码一个转录因子，在拟南芥叶片韧皮部伴胞细胞中表达。FT蛋白然后被转运到茎尖。在茎尖，FT与另外一个转录因子开花位点（FD）互作，并协同激活目标基因促进开花。FT-FD蛋白互作完美诠释了植物中转录调节因子可通过长距离作用调控发育进程，此作用与动物不同。

2. 植物信号在从数秒到数年的时间跨度范围转导

植物中信号诱导的反应需要数十分钟到数小时，这取决于它们诱导基因表达快慢程度的不同。植物细胞中，一个基因的转录、mRNA加工，以及mRNA从核到胞质的转运，整个过程需要花费30min。此外，蛋白质合成、细胞内转运也需要花费时间。对于植物生长和发育过程来讲，上述时间消耗也许是恰当的。

然而，植物的许多反应需要更加快速，需要在数秒内完成。例如，植物经常遇到由于云团掠过造成的光强忽高忽低的快速变化。强光对于植物细胞的光合组织会造成极大的伤害。植物叶片细胞对高光强的反应之一便是叶绿体的快速转向，使叶绿体的边缘面向光源，这样就使其表面受光最小化。这种从信号到反应在数秒内如何完成呢?

很显然，这种反应不可能涉及基因转录和翻译的过程。因而，植物细胞中必然存在利用已有蛋白的活性改变而进行信号转导的机制。在上述例子中，叶绿体的重新取向就是受向光素（PHOT）的调控，向光素是一类定位于质膜的蓝光受体。这种光激活的蛋白激酶可诱导植物细胞骨架的快速变化和重新组建，从而引起叶绿体在数秒内重新取向。

有些植物的信号反应需要数月甚至数年的时间。例如，对许多植物而言，一段时期的寒冷对于开花是必需的。一段时期的寒冷（即冬季）必须被感受进而产生反应（开花潜能）。这一重要的过程称为春化作用。

最后，数以年计的信号反应在植物中并不罕见。数以年计的信号反应包括两年生植物的春化作用和乔木的开花，某些情况下种子休眠可维持几个世纪甚至数千年。

总之，植物信号转导过程的时间跨度从数秒到数年不等。信号反应的速度取决于信号转导过程是否涉及蛋白质活性的变化（快速形式，以秒计）、基因表达的变化（相对较快的形式）或染色质重塑（最慢的形式，可能需要数月）。

五、植物体液应激响应原理
——以生长素介导的信号转导途径为例

研究植物激素作用分子机制的最终目的是建立从受体结合到生理反应的信号转导途径的每一步。就生长素而言，生长素影响许多生理和发育过程。然而，生长素信号的起始步骤非常简单，包括与受体的结合，受体能够通过泛素蛋白酶体途径调节蛋白质的降解。

一旦受体被激活，受体-酶的复合体水解特定的转录抑制因子，从而激活和抑制生长素反应基因。虽然大多数的生长素反应可能通过这种机制起作用，但是，不同类型的生长素受体蛋白可能在非转录激活和稳定质膜H^+- ATPase中起作用以引起细胞壁快速酸化和细胞伸长。下面我们将探讨两种生长素反应的信号转导途径。

1. 主要的生长素受体是可溶性蛋白异源二聚体

可溶性蛋白质复合体是主要的生长素受体，它属于TIR1/AFB蛋白家族和 AUX/IAA转录抑制蛋白家族成员（如图7-3）。植物TIR1/AFB蛋白家族是根据第一个发现的成员命名的。它们是一类SCF E3泛素结合酶复合体的F-box蛋白组分。SCF复合体的功能是催化共价结合在泛素分子上的蛋白质发生依赖ATP的降解。

拟南芥突变体分析鉴定到TIR1。TIR1对生长素依赖的下胚轴伸长和侧根形成具有重要作用。TIR1是一个特定的E3泛素连接酶复合体（称为SCF^{TIR1}）的组成部分。SCF^{TIR1}是细胞中生长素信号转导所必需的。接下来的研究鉴定到了AFB蛋白。AFB蛋白在结构和功能上都与TIR1类似。

生长素的作用像一个分子胶水，将一个 TIR1/AFB和一个AUX/IAA蛋白拉到一起形成异源二聚体。生长素使TIR1/AFB- AUX/IAA异源二聚体稳定，并提高SCF^{TIR1}复合体与AUX/IAA蛋白的结合。这种“组合的”受体允许生长素作为一个信号。这个信号可以在不同的环境条件下在不连续的组织中有差别地调控多种生长和发育过程。拟南芥有100多个可能的 AUX/IAA和TIR1/AFB的组合，这为贯穿整个植物生长发育的广泛而多样的生长素信号反应提供了基础。

2. AUX/IAA 蛋白负调控生长素诱导基因

参与TIR1生长素信号转导途径的转录调节因子有两个家族：生长素反应因子和AUX/IAA蛋白。生长素反应因子（ARF）是短寿命蛋白，并特异地与生长素早期反应基因启动子区上的生长素反应元件（AuxRE）TGTCTC结合。拟南芥有23种不同的ARF蛋白，ARF与AuxRE的结合导致基因转录的激活或抑制。激活或抑制取决于特定的ARF。不论组织中生长素的状态如何，ARF极可能结合在生长素早期反应基因的启动子区。

AUX/IAA蛋白是生长素诱导基因表达的重要调节因子。在拟南芥中，这种小的短寿命核蛋白有29个家族成员。AUX/IAA通过与结合DNA的ARF蛋白结合间接地调节基因表达。如果ARF作为转录激活子，AUX/IAA蛋白将抑制转录。

3. 生长素与 TIR1/AFB- AUX/IAA 异源二聚体的结合促进 AUX/IAA 的降解

生长素诱导基因表达的短信号转导途径是从生长素与一个AUX/IAA蛋白和一个SCF^{TIR1}泛素连接酶复合体的TIR1/AFB组分的相互作用开始的（如图7-3 A）。和其他SCF复合体不同，生长素激活SCF^{TIR1}没有共价修饰。结果，AUX/IAA蛋白迅速地泛素化，随后通过蛋白酶体降解（如图7-3 B）。在没有负调节因子（AUX/IAA）的情况下，不同的ARF蛋白起到激活或抑制基因表达的作用。

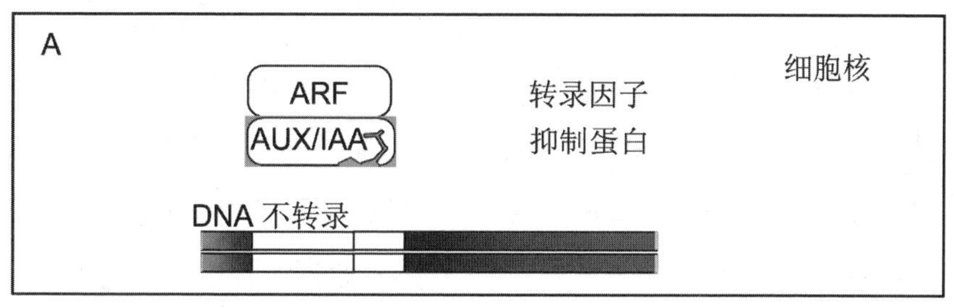

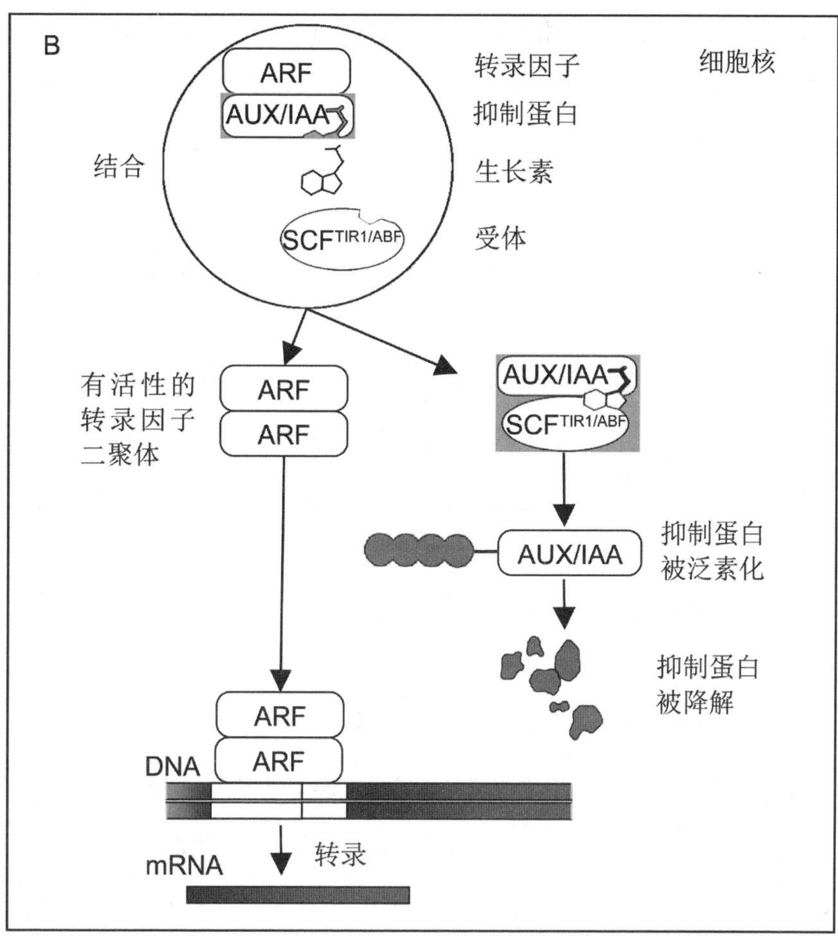

图7-3　生长素结合到 TIR1/ABF-AUX/IAA生长素受体复合体和接下来的生长素反应基因的转录激活的模型

图7-3中，A阶段在没有生长素时，Aux/IAA抑制子通过与ARF转录激活子结合使其形成无活性形式来抑制生长素诱导基因的转录。生长素的功能像一个分子胶水，起始Aux/IAA和SCF$^{TIR1/ABF}$复合体中的TIR1/ABF组分的相互作用。B阶段生长素激活的 SCF$^{TIR1/ABF}$复合体使泛素分子连接到Aux/IAA蛋白上，促进Aux/IAA蛋白被26S蛋白酶体降解。Aux/IAA蛋白的去除和降解使ARF转录激活子形成活性形式。ARF转录激活子与生长素反应元件（AuxRE）结合，激活生长素诱导基因的转录。

4. 生长素诱导基因分为两类：早期反应基因和晚期反应基因

直接被Aux/IAA–TIR1/AFB信号激活的生长素反应基因称为初级反应基因或早期基因。它们与在生长素诱导发育的晚期起作用的基因不同。早期基因的表达需要的时间很短，在几分钟到几个小时之内。在生长素反应中所用的早期基因都在SCF^{TIR1}信号转导途径中受到诱导。早期反应基因包括：*Aux/IAA*基因、*SAUR*基因和*GH3*基因。

总之，初级反应基因具有以下三种主要功能。

（1）转录。有些早期基因编码调节次级反应基因（或晚期基因）转录的蛋白质。晚期基因是对激素长期反应所必需的。因为晚期基因需要从头合成，它们的表达可以被蛋白质合成抑制剂抑制。

（2）信号分子。其他早期基因参与细胞内联系或细胞与细胞间的信号传递。

（3）生长素缀合或代谢。一些快速诱导基因编码的蛋白质通过使活性生长素缀合或降解参与活性生长素的清除。这些基因的表达阻止过量的可能限制生长素反应特异性的生长素的累积。

①生长和发育所需的早期基因

在加入生长素5—60min内，可以刺激大多数*Aux/IAA*基因的表达。Aux/IAA蛋白具有较短的半衰期（大约7min），这表明它们能迅速降解。

生长素处理2—5min内，能够刺激*SAUR*基因的表达，而且该反应对蛋白质合成抑制剂放线菌酮不敏感，表明它们的表达不需要新的转录因子的合成。大豆的5个*SAUR*基因聚集在一起，它们没有内含子，编码未知功能的多肽，这些多肽相似度很高。由于这种反应非常迅速，*SAUR*基因的表达已经被作为一种方便的探针用于证明生长素在向光性和向重力性反应中的侧向运输。*SAUR*基因的更多功能还远远未知。

②胁迫反应的晚期基因

已经鉴定到了在生长素诱导后2—4h表达量增加，并参与生长素诱导的生长发育过程的基因。例如，有几个基因编码谷胱甘肽-S-转移酶（GST）。这类蛋白质受多种胁迫因子条件的激发作用，而且受高浓度生长素的诱导。同样，受胁迫因子诱导的ACC合成酶是乙烯生物合成途径中的限速步骤。没有晚期生长素反应基因直接调控初级生长素反应的报道。

5. 不同的受体蛋白可能参与生长素的快速、非转录水平的反应

前文中讨论的，在15min之内生长素就可以诱导细胞伸长，而

生长素诱导的质膜H^+- ATPase活性的增加更快。这些快速的改变还发生在生长素信号组分缺失的突变体中。近期的证据表明，生长素可以直接作用于细胞小泡的运输，进而影响H^+- ATPase的活性。这种对小泡运输的影响或者发生在次级运输系统里，或者发生在细胞膜上。

这里只列举一个最典型的生长素应激响应过程，其他植物激素类如赤霉素、细胞分裂素、乙烯、脱落酸和油菜素甾醇等的应激响应过程可以参考相关资料书籍，这里就不多列举了。

六、植物体液应激响应总结

细胞的信号转导途径包括信号输入、信号转导、诱导输出三个主要步骤。信号输入是指细胞感受到某种外部生态位因子或激素信号的过程。例如，细胞内特殊的光敏色素接受到特定波长的光线照射，光敏色素便发生了光转换。或者，细胞外的激素与细胞膜上特殊的受体相结合，这种受体通常是某种膜蛋白。当受体镶嵌在细胞质膜上时，激素分子可以在不进入细胞的情况下启动细胞内的一系列变化，有时激素分子也可以溶入细胞质中或者与细胞器结合。有些细胞还有专门特殊的激素受体，这些细胞是激素的靶细胞；也有另一些细胞对激素不敏感或根本没有应答，因为这些细胞没有特异性相关的激素受体。

信号转导途径的传导步骤是指一系列的细胞信号转导物质将接收到的信号输入放大并转换成可引起细胞代谢输出的化学形式。在应激响应信号转导步骤中，最关键的联结点是信号转导物质，第二信使就是最关键的信号转导物质。在第一信使即激素（或生态位因子）的激发下，诱导第二信使的浓度显著增加（如图7-4）。例如，通过外界生态位因子促使植物产生体液应激响应，激活了相应的激素分泌，当激素被细胞受体接受后，便将质膜上的受体活化，使膜内侧细胞质内的第二信使活化或浓度增加，进而激活某种特定的化学反应。在许多植物的应激响应信号转导途径中，钙离子（Ca^{2+}）扮演了第二信使的角色。外部生态位因子使Ca^{2+}从一些细胞器中释放出来。或者打开了质膜上的钙离子通道后导致胞外的Ca^{2+}进入，这些Ca^{2+}便与特殊的钙调蛋白结合，在一系列级联反应中，Ca^{2+}钙调蛋白复合物又激活其他靶分子。例如，红光将光敏色素由Pr形式转变为Pfr，后者作用于质膜，提高了细胞质中Ca^{2+}的浓度，接下来一系列的级联反应，引发了由光敏色素介导的代谢和发育变化。除了Ca^{2+}外，一些细胞还可以有其他物质为第二信使，如cAMP就是一种常见的第二信使。

植物的结构和功能是密切联系、高度统一的，结构和功能的密切联系发生在植物个体发育的每一个阶段，这就是功能协调性。

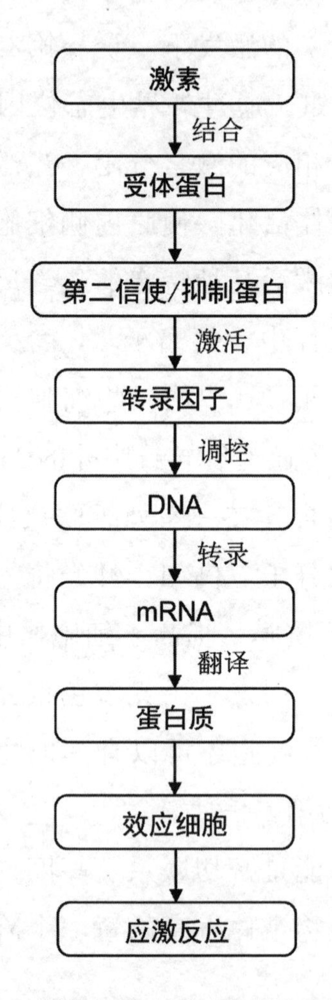

图7-4　植物体液应激响应的作用原理图

第八章　动物应激响应理论

动物应激响应过程是利用体液、神经体液或神经系统来进行信号转导的过程。

动物应激响应过程分为三个不同的层次。

1. 体液应激响应：在动物类中是最基础的应激响应过程。

2. 神经应激响应：尤其是大脑和神经系统直接作用下的应激响应过程，在动物类中比较常见。

3. 神经内分泌应激响应：动物类中最主要的应激响应过程。

第一节　动物体液应激响应原理

动物体液应激转导物质有很多种类，如各类激素、细胞因子、由细胞分泌的组织胺、一氧化氮（NO）、一氧化碳（CO）、各种生长因子等。根据它们能否溶于水或穿过靶细胞膜的脂质双分子层的难易程度分为亲水性和亲脂性两类。

1. 亲水性（或疏脂性）信使或称为水溶性激素类：包括神经

递质、局部介质和大多数肽类激素和全部的细胞因子。它们的分子能溶于水，但不能穿过细胞膜，只能与靶细胞表面受体结合，触发信号转导机制，引起靶细胞的信号转导。

2. 亲脂性（或疏水性）信使或称为脂溶性激素类：主要代表物是甾体类激素和甲状腺素，它们的分子是脂溶性的，但不溶于水，很容易穿过细胞膜，与细胞膜内受体结合形成“激素–受体”复合物，参与调节基因的表达。

根据体液应激传导物质的化学结构，可以将化学信使分成5类：氨基酸、胺类、肽或蛋白质类、类固醇和类二十烷酸等。

一、动物的内分泌系统

动物的内分泌系统是动物体液应激响应过程的主要信号转导物质。

为了更好地利用或抵制体内外生态位因子的变化，动物内分泌系统与神经系统配合，共同调节着机体的各种生理功能。内分泌系统中的特殊分化细胞内分泌腺产生激素并释放到组织间液，然后通过体液运输至作用的器官或组织，发挥其调节的生理功能。

具有化学信号性质的激素可以作用于某些特定的靶细胞，靶细胞通过其特殊的受体与激素结合后启动一系列代谢活动来对激素的信息做出反应，这种反应可以表现为动物细胞开始分化、生理上发生某种变化或者产生某种行为等。动物激素是分泌到动物体内环境系统中的一种微量化学调节物质。绝大多数情况下，激素进入循环系统，通过血液的运输到达全身各组织器官，但每种激素只能作用于各自特定的靶细胞、组织或器官。由于很微量的激素分子能对多种酶进行诱导或激活，因此，尽管人和动物体内激素的含量非常少，却能控制和调节很多靶细胞的代谢活动。

人的内分泌系统及激素得到了最为广泛的研究。人与大多数哺乳动物的内分泌系统及激素基本相似。人的内分泌系统及内分泌腺包括：松果体、下丘脑、脑垂体、甲状腺、甲状旁腺、胸腺、胰腺、肾上腺、性腺（男性为睾丸，女性为卵巢）等（如图8-1）。

表8-1显示了部分内分泌腺或组织分泌的激素及其调节作用。除了这些内分泌腺和组织外，人及哺乳动物的胃内壁、小肠、心脏等多种器官和组织也可以分泌一些特殊的激素，促进或调节消化、吸收、排泄、循环等过程。

在人体的内分泌腺或组织中，下丘脑是身体内分泌系统的总枢纽，同时，它通过垂体将神经系统与内分泌系统有机地联系起来。作为大脑的一部分，下丘脑通过神经传导作用，接受体内或体外的信息，然后发出适当的神经和内分泌信号作用于垂体，而垂体（包括腺垂体和神经垂体）又会分泌多种激素调节和控制体内其他分泌腺和组织的活动，最终调节身体的机能并对体内外的生态位因子信号做出反应。另一方面，体内各种激素对下丘脑-腺垂体又可产生反馈性调节作用。

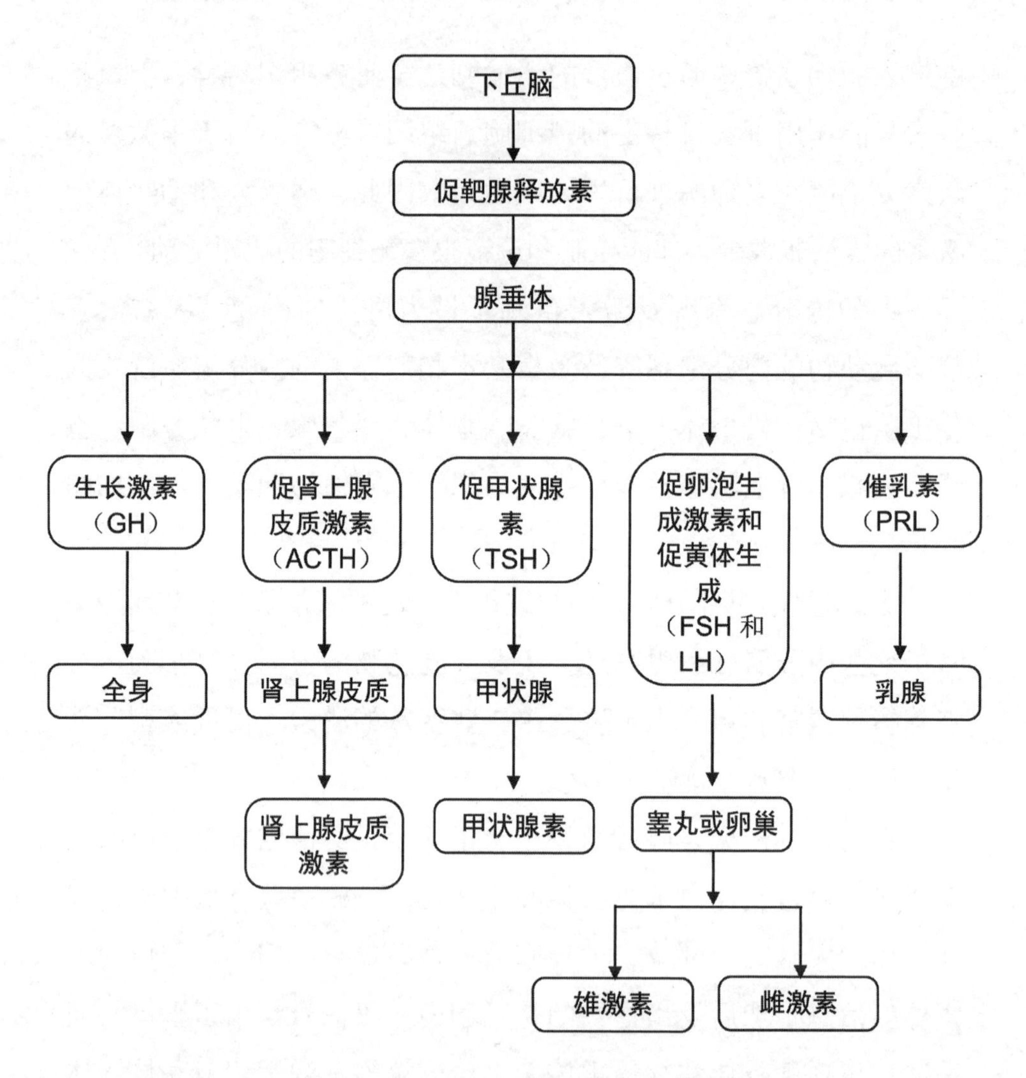

图8–1　下丘脑控制的脑垂体分泌的激素及其作用

表8-1 部分激素及其作用

激素	化学性质	靶组织（器官）	主要作用
生长激素（GH）	蛋白质	全部组织	刺激RNA合成，蛋白质合成和组织生长；增加糖原和氨基酸转运入细胞；增加脂解作用和抗体形成
促肾上腺皮质激素（ACTH）	多肽	肾上腺皮质	增加肾上腺皮质生成和分泌类固醇
糖皮质激素	类固醇	肌肉、免疫系统等	应激及解除神经紧张，降低葡萄糖代谢，提高蛋白质代谢与脂肪代谢。减轻炎症与过敏反应
促甲状腺素（TSH）	糖蛋白	甲状腺	增加甲状腺素的生成和分泌
甲状腺素	胺类化合物	多种组织	促进和维持新陈代谢
促卵泡生成激素（FSH）	糖蛋白	曲精细管（雄）卵泡（雌）	增加精子生成（雄） 刺激卵泡成熟（雌）
促黄体生成（LH）	糖蛋白	卵巢间隙细胞（雌） 睾丸间隙细胞（雄）	促使卵泡充分成熟、雌激素的分泌、排卵、黄体形成和孕酮分泌（雌）增加雄激素的合成和分泌（雄）
雄激素	类固醇	各种组织	促进男性性征和第二性征分化，促进性行为和精子产生
雌激素	类固醇	乳房、子宫等组织	促进女性性征分化和性行为
催乳素（PRL）	蛋白质	乳腺	促进乳腺的生长和增加乳蛋白的合成

血液中葡萄糖浓度水平的稳定对于维持身体各组织的能量供给十分重要。激素在调节血糖浓度平衡方面是这样发挥作用的。

成人血液中葡萄糖的正常浓度在1mg/mL左右，饥饿时血液中的葡萄糖浓度较低，饭后血糖浓度升高。刚进食后，血糖浓度增加的信号会对胰腺中的β胰岛细胞产生有效刺激，促进其分泌胰岛素。胰岛素能促进肌细胞和肝细胞吸收利用葡萄糖并将其合成为糖原，也能促进脂肪组织利用葡萄糖来制造脂肪。当血糖浓度下降，血糖浓度降低的信号反过来又抑制胰岛素的分泌。饥饿时，血糖浓度过低的信号又会刺激胰腺中的α胰岛细胞分泌胰高血糖素，同时激发肾上腺髓质分泌肾上腺素，在这两种激素的作用下，肝和肌肉中的糖原被分解为葡萄糖。另外，肾上腺素还能促进脂肪分解，肝细胞可以利用脂肪分解产生的甘油生成葡萄糖。在上述内分泌腺及激素共同作用的调节下，人体血糖浓度在正常水平上下波动、相对平衡，从而保证了体内各组织代谢的能量供应（如图8-2）。另外，经过较长时间的饥饿，肾上腺素连续刺激下丘脑产生促肾上腺皮质激素释放因子并作用于腺垂体，使腺垂体产生促肾上腺皮质激素，后者刺激肾上腺皮质分泌氢化可的松。氢化可的松可以促进肝将蛋白质转化为葡萄糖，以临时补偿血液中的葡萄糖，暂时维持体内的能量供应。

甲状腺及甲状旁腺分泌激素维持血钙平衡及骨骼健康，肾上腺分泌相关激素对紧张做出反应，性腺分泌性激素等都具有类似于上述胰腺分泌胰岛素和胰高血糖素那样的反馈调节机制或丘脑及神经系统的调节机制。正是这些激素的相互协调作用，使机体具备了响应各种外界生态位因子的能力，并维持了人体内环境的稳定。

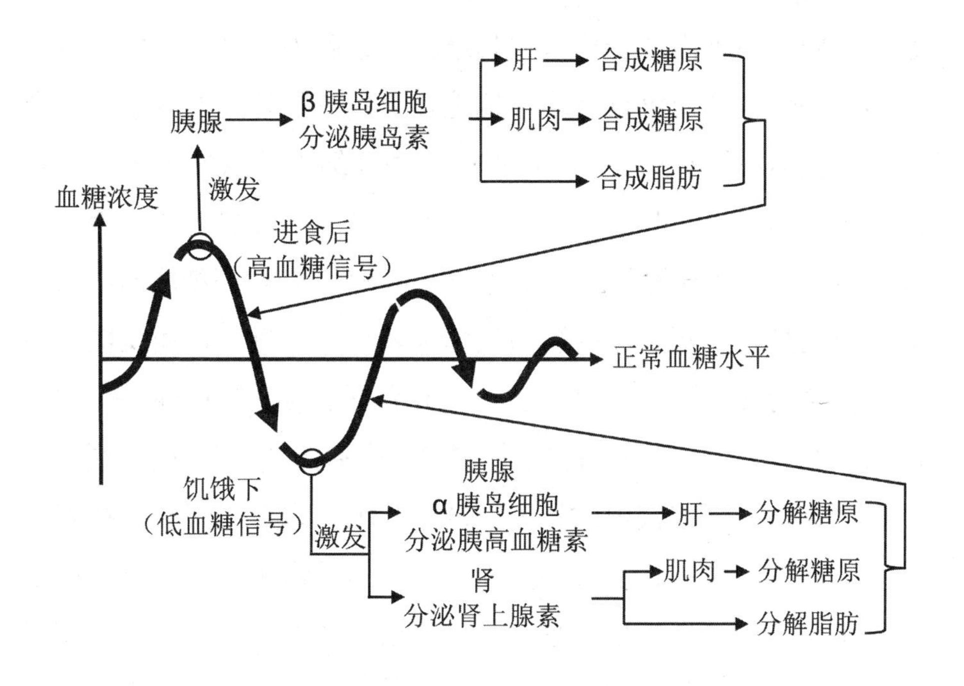

图8-2　激素对血糖水平的调节作用示意图

二、细胞脂溶性激素类内分泌（体液）应激响应原理

科学家已经从靶细胞表面和细胞内部分别分离和检测到与激素分子特异性结合的受体分子，脂溶性激素如类固醇类就可以透过细胞质膜，进入细胞内部与相应的受体分子相结合；另外，许多非脂溶性激素如胺类化合物、多肽类等不能透过质膜进入细

胞，它们只能作用于细胞表面的受体分子。

肾上腺皮质激素、性激素及某些神经递质分子都属于固醇类化合物，这一类激素的分子较小，一般不与细胞表面的受体分子结合，而是穿过细胞膜进入细胞质中。一旦进入细胞，脂溶性激素便立即与细胞内的受体蛋白相结合。细胞内的受体蛋白具有高度的专一性，它们仅仅特异性地选择识别一种特定的激素。结合后的“激素-受体蛋白”复合物便移动到细胞核内的特定DNA序列上，它们又进一步作为基因表达的转录因子，启动了基因的转录，生成新的特异性的mRNA。这些mRNA再转移到细胞质中指导蛋白质的翻译，新合成的蛋白质作为酶再调节有关代谢反应，最终对微量的激素信号做出应答，形成完整的应激响应通路（如图8-3、图8-4）。在有些情况下，完成结合后的“激素-受体蛋白”复合物移动到细胞核内的特定DNA序列上，也可对正在进行表达的基因起抑制作用，从另一方面对激素信号做出应答。脂溶性激素的细胞信号转导实质上是引起基因活化的过程，被活化的基因及其表达产物有时还可以进一步活化其他基因的表达。因此，这一类激素的作用时间往往较长，可持续几小时甚至几天。例如，人的性激素可持续影响性器官的分化和发育等。

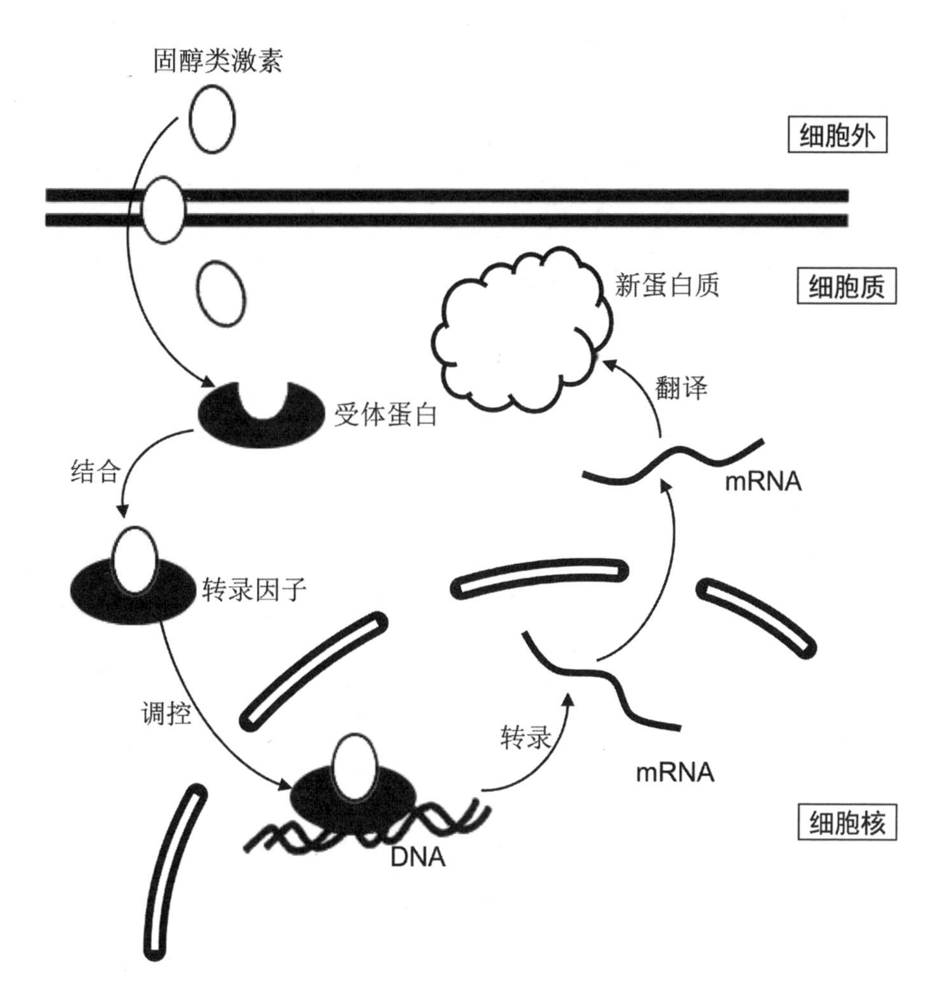

图8-3　固醇类激素产生的内分泌（体液）应激响应过程示意图

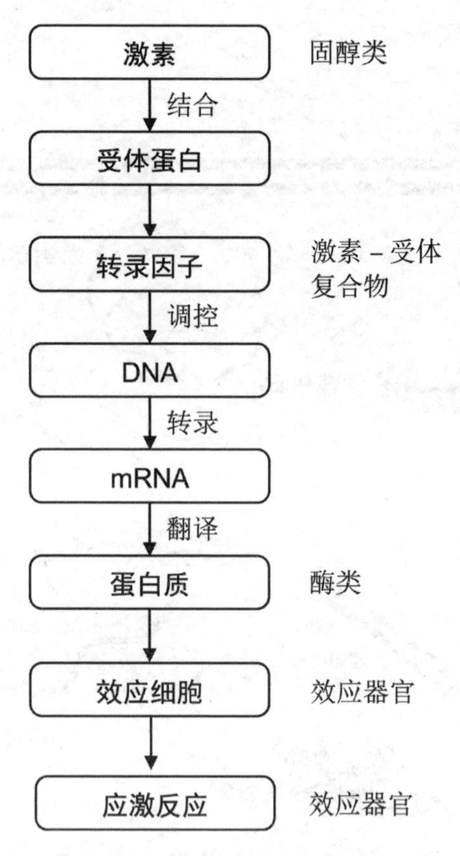

图8–4　脂溶性激素类的内分泌（体液）应激响应原理图

三、细胞水溶性激素类内分泌（体液）应激响应原理

与作用在细胞内部的脂溶性激素相比，只作用在靶细胞表面的水溶性激素的信号转导则可促进机体产生快速的变化。这一类激素种类更多，作用机理更加复杂，如胰岛素、生长激素、胰高血糖素、肾上腺素等都属于只作用在靶细胞表面的水溶性激素。

由血液输送来的微量水溶性激素首先与靶细胞表面受体结合。靶细胞表面受体是一种糖蛋白，当激素分子等信号分子与细胞表面G蛋白偶联受体结构域结合后，受体蛋白的构象发生改变并作用于膜内侧的G蛋白，使腺苷酸环化酶（AC）活化。活化后的腺苷酸环化酶立即催化细胞质中的ATP转变成为环腺苷酸（cAMP）。环腺苷酸再引起细胞内发生一系列的代谢反应从而最终对激素信号做出应答。当腺苷酸环化酶被活化后，与G蛋白亚基联结的GTP被水解成GDP，同时该亚基与G蛋白的其他两个亚基组合恢复到原状，以后可以再一次被受体蛋白作用和活化。细胞中存在着许多种G蛋白，有的对腺苷酸环化酶起活化作用，也有的起阻遏作用，因此可以控制多种代谢过程。从激素与靶细胞受体结合到最终发生细胞应答的过程称为细胞的信号转导途径。由于许多种水溶性激素是通过形成环腺苷酸来介导细胞的信号转导，因此，环腺苷酸被称为第二信使，激素是第一信使。

作为第一信使的激素在血液中含量虽然极低，但通过细胞的信号转导途径，微弱的化学信号可以产生逐级放大。

科学家通过对肾上腺素作用于肝细胞和肌细胞原理的研究终于发现，个别肾上腺素分子与肝细胞质膜上的受体结合后，立刻大大增加了细胞中环腺苷酸的浓度。对细胞传导信号产生逐级放大反应，单个肾上腺素分子便可导致成千上万个葡萄糖的产生。从某种意义上看，内分泌应激响应作用下的细胞信号转导途径具有信号放大的效应。

动物细胞的激素信号转导除了以环腺苷酸为第二信使外，还存在着其他第二信使系统，例如三磷酸肌醇（IP3）和Ca^{2+}就是研究较多的第二信使。简单地说，在这类系统中，激素信号与靶细胞受体结合后，通过若干步骤，先形成三磷酸肌醇，三磷酸肌醇作用于内质网膜，使Ca^{2+}从内质网中大量涌出，细胞质中高浓度的Ca^{2+}便可诱导靶细胞对激素的激发做出相应的应答。

另外，作用于靶细胞表面的水溶性激素还可以通过细胞的信号转导途径形成环腺苷酸，然后再产生一种环腺苷酸结合蛋白（CREB）。接着，CREB作用于细胞核内的特定DNA序列，并进一步作为基因表达的转录因子，启动基因的转录，生成新的特异性的mRNA。这些mRNA再转移到细胞质中指导蛋白质的翻译。新合成的蛋白质作为酶可以调节有关代谢反应，最终对微量的激素信号做出应答，产生完整的内分泌应激响应通路（如图8-5）。许多生长因子都是一些蛋白质分子，它们的作用机理即是与靶细胞表面受体分子结合后，启动了细胞核内相关基因并进行表达的应激响应过程。

在图8-5中，全过程可分解成以下步骤：（1）激素与受体结合，使G蛋白活化。（2）活化的G蛋白活化腺苷酸环化酶（AC），催化生成cAMP。（3）cAMP活化PKA。（4）PKA进入细胞核，催化CREB的磷酸化反应。（5）磷酸化的CREB调节基因转录，合成新的mRNA。（6）mRNA通过翻译作用，指导合成某些酶，从而起到调节生命代谢的作用（如图8-6）。

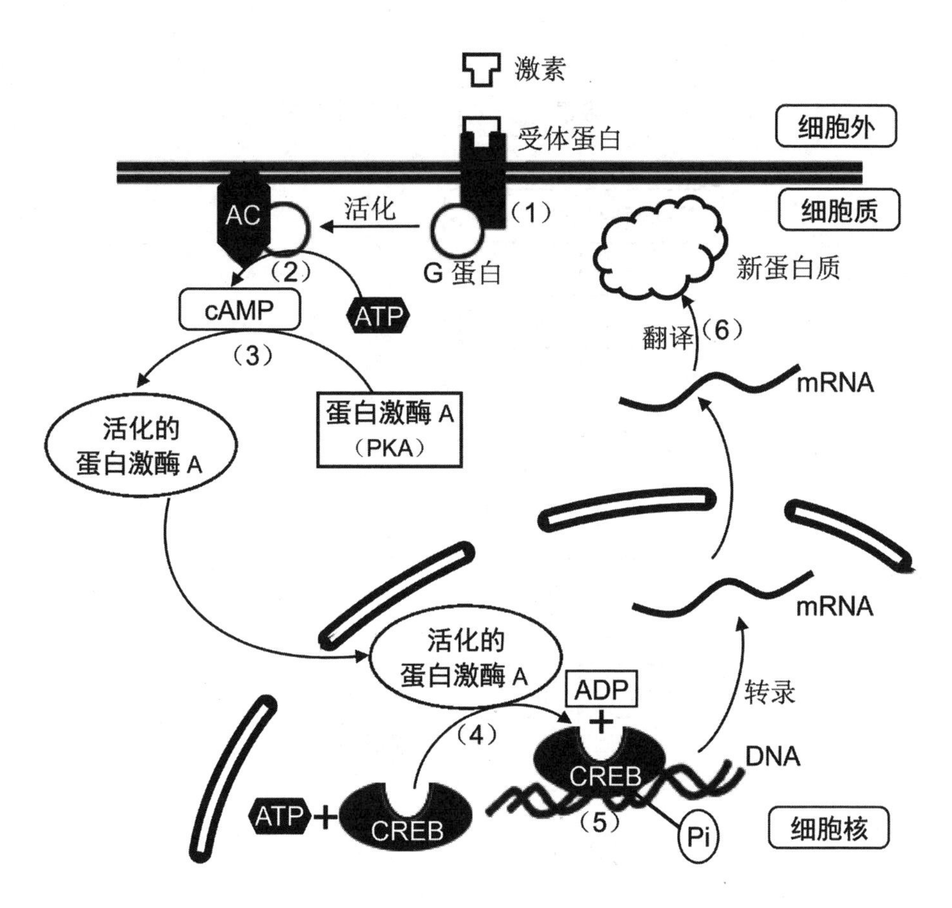

图8-5　水溶性激素形成的内分泌（体液）应激响应过程示意图

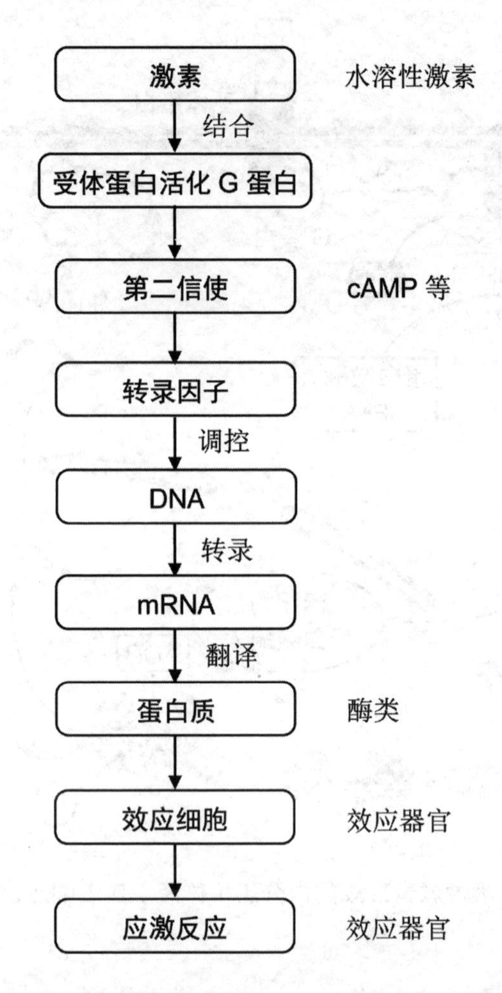

图8–6　水溶性内分泌激素类的内分泌（体液）应激响应原理图

第二节　动物神经应激响应原理

神经应激响应活动是大脑和中枢神经应激响应的基本活动形式。动物通过神经系统对各种生态位因子所发生的应激响应叫作神经应激响应。神经应激响应过程在生理学里可以称为反射，神经应激响应可分为基础神经应激响应（生理学中称为非条件反射）与智慧应激响应（生理学中称为条件反射）。

基础神经应激响应（非条件反射）是动物和人生下来就具有的，在系统发育过程中所形成而且是可以遗传下来的，这种神经应激响应活动无须后天训练，是对外部生态位因子特有的稳定的应激反应方式，其神经联系是固定的。这些神经应激响应通路生来就有，且比较固定，并且也是可以遗传传递的。

智慧应激响应（条件反射）是个体在生活过程中利用或抵制生态位因子并经过大脑意识思维学习获得的神经应激响应过程，其神经联系是暂时的。智慧应激响应是动物在后天经过训练而逐渐形成的，是在基础神经应激响应基础上建立起来的。

一、神经系统

动物体各器官系统之间之所以能够紧密配合，相互协调，对环境的变化和外界生态位因子激发做出应答并维持内环境的稳定，主要是因为它们具有内分泌和神经两套系统的调节作用。在大多数情况下，神经系统的调节更加快速，并往往处于主导地位。越是高级的动物，它们的神经系统越复杂，对整个机体的调节作用也越精密。

人的神经系统包括中枢神经系统和周围神经系统两部分。中枢神经系统是信息集成处理器，由位于颅腔内的脑和脊椎骨内的脊髓组成。周围神经系统分布全身，包括与脑相连的脑神经和与脊髓相连的脊神经。周围神经系统按机能还可分为感觉神经和运动神经。感觉神经与感受器即感觉器官（如眼睛等）相连，将接收到的输入信号传递到中枢神经系统，经过中枢神经系统的集成、分析和处理，再由运动神经将输出信号传递到效应器官即人体发生应激反应的器官组织，包括肌肉和腺体等组织器官，从而对生态位因子做出反应。大脑神经细胞不断接收信号，快速地进行思维分析和判断后发出指令。人的神经系统尤其是大脑具有精细复杂的结构，它们分析处理信息的能力、学习、记忆和思维以及运用知识的能力等成为最强大脑。

脊髓是中枢神经系统的低级部分，位于脊柱的椎管中，是支配部分身体（包括四肢和尾）对外神经应激响应活动的中枢和这些部位血管扩缩应激响应的调节中枢，同时又是这些部位所发出的信号上传到脑，脑部发出的信号下传到这些部位的中继站。

脑由胚胎神经管的前部发育而成，包括脑（大脑和嗅脑）、间脑、小脑和延脑；脑是头部器官和内脏器官活动的神经应激响应中枢。脑干的背部和两侧都有神经核，即神经元集中的地方；

腹面也有运动性神经核，这些神经核有12对脑神经联系头部和内脏器官，这12对脑神经主持头部表皮、感官（鼻、口、眼、耳）的疼、压、触、冷、热、嗅、味、视、听、平衡等多种感受的传达，头、面、舌、颚部肌肉和腺体的神经应激响应活动；内脏器官包括心、肺、消化道及其附属腺体的神经应激响应活动等。其中嗅脑主管嗅神经应激响应；间脑的下丘脑部分主管交感和副交感神经系统和内分泌系统；中脑主管眼球的对光神经应激响应、耳听神经应激响应和平衡神经应激响应；延脑是生命中枢，主管心、肺、舌、消化道、消化腺的神经应激响应。脑还承担传导功能，脑以下各部位的信号必须经过脑才传入大脑皮层，大脑皮层发出的信号也必须经脑和脊髓才能到达效应器官。小脑主管机体运动的协调。小脑受到伤害，人的姿势和行动均会紊乱。

大脑皮层在高等哺乳动物中特别发达，是神经元集中区。人的大脑皮层估计有100亿个神经元，构成了无限数量的交叉联系。这种联系是人类知觉、领悟、联想、记忆、学习、思考、感性信号、语言表达和技巧动作等大脑皮层所有智慧功能的生理基础。大脑皮层承担着智慧活动，在脊髓脑干神经应激响应的基础上，大脑对传来的各种信息做了分析加工、缩合并发出应答活动信号。

自主神经系统一般指分布于内脏和血管的平滑肌、心肌及腺体的运动神经，支配动物体内脏器官的活动，不受人的意志支配。它包括交感神经和副交感神经。交感神经兴奋引起心跳加快，血管收缩，血压升高，呼吸加快加深，瞳孔放大，竖毛肌收缩，消化道蠕动减弱，一些腺体（如唾液腺）分泌停止，使机体处于一种“应激反应”状态。副交感神经兴奋引起的效果恰恰与之相反。

不同的动物种类对生态位因子产生的应激响应也不尽相同。相对而言，动物进化的程度越高，对生态位因子的应激响应的能力越强。在大多数情况下，应激响应的实现是由神经组织在身体各部位之间传递信息。神经组织构成通信系统，以神经信号的方式实现信息的传递，从而使身体各部分成为一个协调的整体。

神经系统最基本的结构和功能单位是神经元。神经元是专门传递信号的特化细胞，由细胞体和从细胞体延伸的突起组成。细胞体含细胞核和多种细胞器，许多神经元的细胞体聚集在一起可形成神经节。神经元伸出的突起包括树突和轴突两种。一个神经元的轴突可与另一个神经元的树突相连，更多情况下则与另一个神经元细胞体的表膜直接形成突触。研究揭示，神经突触包括电突触和化学突触两种类型。电突触的突触间隙很小，电阻低，神经信号及动作电位可以直接传导过去。在哺乳动物中，神经信号的传导主要靠化学突触进行。化学突触的特征是一个神经元轴突末端即突触前膜与另一神经元的表膜即突触后膜之间有较宽的缝隙。因此，神经信号不能以动作电位的方式直接通过，而要借助特殊的化学物质即神经递质的参与。乙酰胆碱是最普遍的一种神经递质。

二、神经应激响应原理

感觉神经与感受器官即人体的感觉器官（如眼睛等）相连，

将接收到的信息信号传递到中枢神经系统，经过中枢神经系统的集成、分析和处理，再由运动神经将信号传递到效应器官即人体发生应激反应的器官（包括肌肉和腺体等组织），从而对外界生态位因子做出一定的应激反应。

例如，人和动物类的排尿神经应激响应过程。正常情况下，膀胱内的尿充盈到一定程度时，内压升高，膀胱逼尿肌受到激发而兴奋，其冲动沿盆神经传到脊髓的初级排尿反射中枢，同时冲动上传到大脑皮质的高位中枢，产生尿意。如无机会排尿，大脑皮质可暂时抑制脊髓排尿中枢的活动，不发生排尿反射。当有适宜机会时，抑制解除，脊髓排尿中枢可发出冲动使逼尿肌收缩、尿道内括约肌、尿道外括约肌松弛，引起排尿。当尿液流经尿道时，尿液可刺激尿道的感受器，其传入冲动经阴部神经再次传入脊（骶）髓排尿中枢，使排尿进一步加强，这属于正反馈作用。排尿末期腹肌、膈肌都发生收缩以增加对膀胱的压力，最后尿道海绵肌也收缩，使残留于尿道中的尿也排出体外（如图8–7）。

当神经元受到适当的信号激发后由相对静止的状态变为显著活跃状态便形成了神经信号。神经信号的传导实际上是通过神经纤维在神经元之间进行的连续的电化学变化过程，这一过程需要消耗能量、O_2，并释放热量和CO_2。

神经应激响应通路的结构基础，包括感受器官、信号输入、神经中枢（中间神经元及突触连接）、诱导输出、效应器官5个环节，这也是一种普通而且常见的神经应激响应过程（如图8–8）。

神经应激响应活动中信号输入有可能是多路的或单路的，通过神经系统，形成的输出信号也可能是单路的或多路的；还有可能从神经系统直接形成的输出信号也可能是单路的或多路的。因而，神经应激响应过程较为复杂，不一而足，依靠不同物种、不同情形、不同时期会形成各不相同的神经应激响应过程。

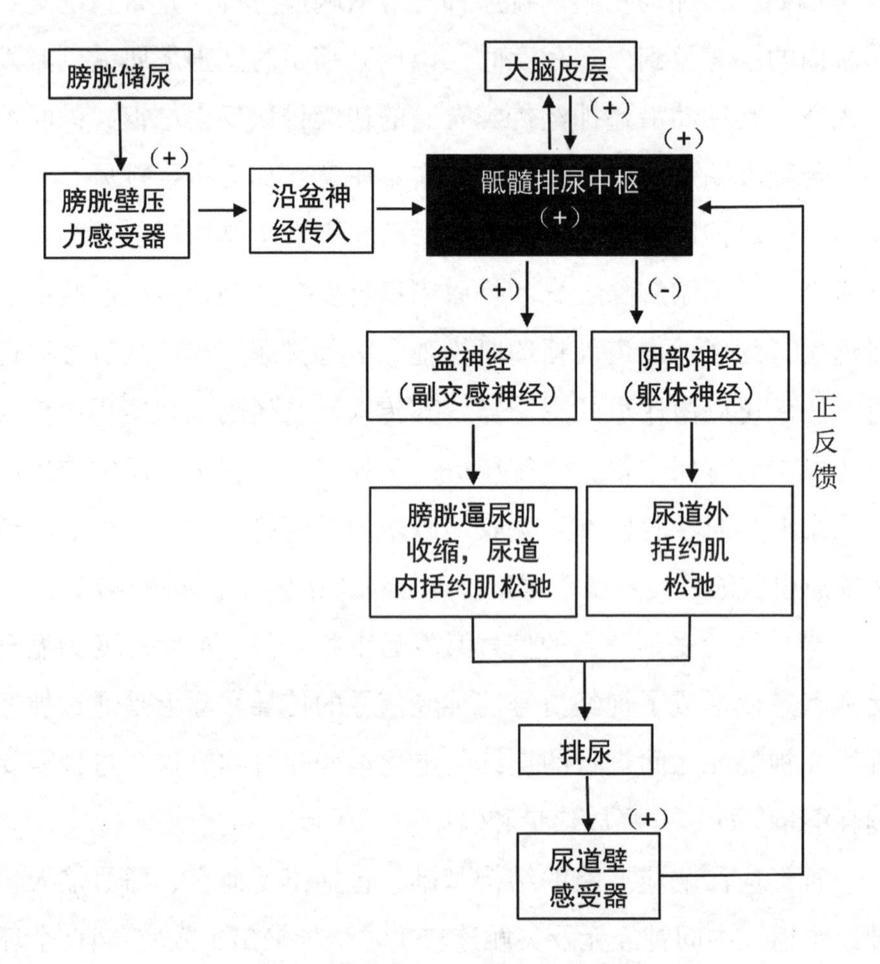

图8–7　排尿神经应激响应示意图

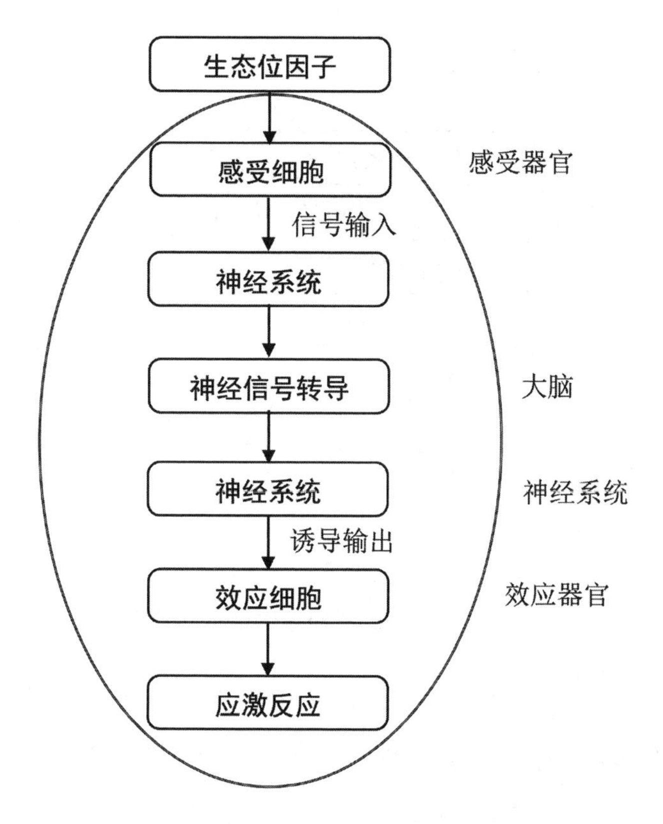

图8-8　神经应激响应过程示意图

此外，很重要的一类就是由神经系统直接产生的智慧应激响应过程，这一过程的存在有其进步意义，智慧最重要的一项内容就是记录某种状态，可以称为记性。记性是对两个不同节点记忆的状态进行比对得出的结果。记性的多次强化作用过程就会上升为经验。正是有了记性的存在，使得下一次有类似情况出现时就不需要激发整个应激响应过程，而是更直接、更快速地作用于效应器官直接产生应激响应过程，而并不需要生态位因子激发作用，通过感受细胞（器官）进行信号输入的过程。压缩应激响应流程，可大幅提升效率并缩短应激响应时间（如图8-9）。

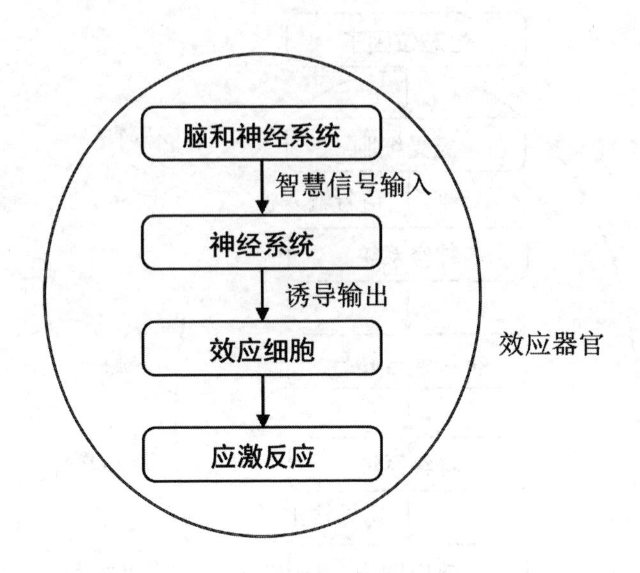

图8-9　智慧作用下的神经应激响应过程示意图

所有神经应激响应一般都需通过神经应激响应通路。低等动物中的腔肠动物也有一定的神经应激响应活动。节肢动物（如昆虫）的神经应激响应趋向多样化。在无脊椎动物的行为中，神经应激响应占十分重要的地位。而脊椎动物有多种神经应激响应活动，特别是哺乳动物直至人类，更多的是被神经内分泌应激响应过程所代替。

大多数神经应激响应所延续的时间很短，但也有少数神经应激响应可延续较长时间，如幼小灵长动物的抓握神经应激响应（攀附在母体身上）。

基础神经应激响应（非条件反射）通路是比较固定的，并且也是可以遗传传递的。所产生的应激反应大多是本能反应。

基础神经应激响应有很多，例如，食物神经应激响应、防御神经应激响应等；还有很多保护性神经应激响应（如划痕神经应激响应、回缩神经应激响应、闭眼神经应激响应、瞳孔神经应激响应、喷嚏神经应激响应、咳神经应激响应和呕吐神经应激响应等）、膝腱神经应激响应和能维持身体姿势和平衡的一些神经应激响应等；另外，像人类所具有的如唾液神经应激响应，异物刺激角膜引起眼睑闭合的角膜神经应激响应，膝跳神经应激响应，新生儿的抓握神经应激响应、吮吸神经应激响应，抓痒神经应激响应，等等。

基础神经应激响应在固化成型后在物种延续中一直保持。应激响应过程中效应器官产生的应激反应形成了对生态位因子的利用或抵制，是一种本能反应。

智慧应激响应（条件反射）是暂时的。智慧应激响应是动物在后天经过训练而逐渐形成的本领的过程。它是在基础神经应激响应基础上建立起来的。

智慧应激响应是高级神经活动的基本方式。幼年、成年动物都可建立智慧应激响应。神经应激响应的建立过程有很多，例如通过操作性试验过程，将动物（如鸡）放入实验箱内，当它在走动中偶然用喙啄在杠杆上时，就喂食以强化这一动作，如此重复多次，鸡就学会自动啄杠杆而得食。在此基础上，可以进一步训练动物只有当出现某一特定的信号（如灯光）后啄杠杆，才能得到食物的强化，就形成了以灯光为生态位激发因子的食物运动性智慧应激响应。其特点是动物必须通过自己的某种运动或操作才能得到强化，这是一种更为复杂的行为。

此外，语言思维意识应激响应活动是一种高级的智慧应激响应过程。把语言作为智慧应激响应叫作第二信号系统。如梅子放在嘴里会流口水，这主要是基础神经应激响应；吃过梅子的人，只要看到梅子的形状也会流口水，正所谓“望梅止渴”。掌握了语言的人，不仅看到梅子的形状，就是在讲“梅子”一词时，也会流口水，“谈梅生津”这主要是第二信号系统的活动。

智慧应激响应过程中效应器官产生的应激反应形成了对生态位因子的利用或抵制，是一种本领反应。本领是通过后天学习、试验、模仿等获得的。比如，年长的猴子会用石块敲开坚果来食用，年轻的猴子为了取食也会进行模仿，慢慢就会学会了这种本领。

第三节 动物神经内分泌应激响应原理

一、神经内分泌联合作用过程

神经内分泌联合作用是动物类最主要的一种应激响应过程。最常见的神经内分泌应激响应过程就是有完整信号输入输出的过程，包括信号输入、神经系统、内分泌、信号诱导输出、应激反应等5个主要环节。

此外，还有一些较多的智慧神经内分泌应激响应过程，主要是源于神经系统的智慧功能，其中最主要的是记忆（记性），不需要有完整的信号输入过程，就可以直接重复原有的神经内分泌应激响应，主要包括神经系统、内分泌、诱导输出、应激反应等4

个主要环节。这正是生物智慧的优越性，不需要重复将生态位因子作用于感受器官，不仅大大节省信号转导时间，同时也增加了可重复性，一些应激响应过程如果被中断在适当的时候仍然可以被唤起，而不需要真正的外界生态位因子激发作用。这样就会有周期性、间断性、重复性、持续性等突出优点。

以人类的神经内分泌来进行进一步的研究，在人的内分泌腺或组织中，下丘脑是身体内分泌系统的总枢纽，同时它通过垂体将神经系统与内分泌系统有机地联系起来。作为大脑的一部分，下丘脑通过神经传导作用，接收到生态位因子激发感受器官产生的信号，然后发出适当的神经和内分泌信号作用于垂体，而垂体（包括腺垂体和神经垂体）又会分泌多种激素调节和控制体内其他分泌腺和细胞的活动，最终调节身体的机能并对生态位因子做出诱导应答反应。另一方面，体内各种激素对下丘脑-腺垂体又可产生反馈性调节作用。

举一个典型的神经内分泌应激响应实例，例如，当下丘脑接收到身体受到寒冷刺激的信号时，便产生促甲状腺素释放激素，促甲状腺释放激素接着刺激腺垂体产生促甲状腺激素，促甲状腺激素再直接刺激甲状腺分泌甲状腺素。甲状腺素能加速糖与脂肪氧化分解，增加机体的产热量，从而维持了体温的恒定。当分泌到血液中的甲状腺素达到较高浓度水平时，又会反过来抑制腺垂体产生促甲状腺激素，这时甲状腺素的分泌便会减少。正是这种复杂的反馈机制，建立和保持了下丘脑、腺垂体、靶腺之间相互依赖、相互制约的关系，从而在外部环境不断变化和刺激产生的情况下，维持了身体内环境的稳定（如图8-10、图8-11）。

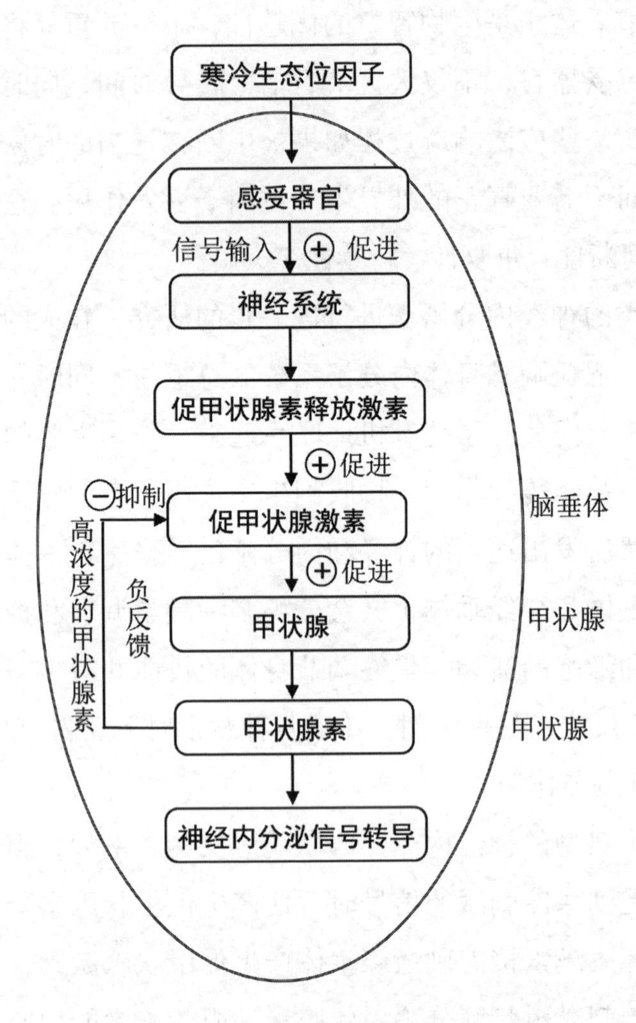

图8-10　甲状腺分泌的神经体液（内分泌）应激响应过程示意图

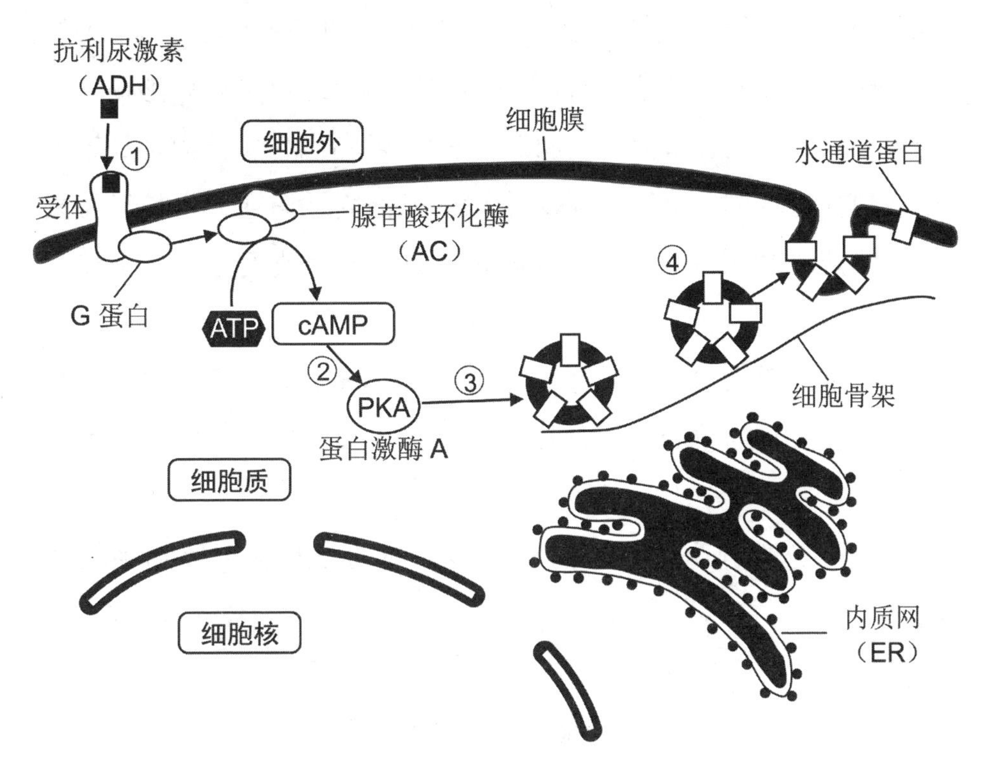

①ADH结合G蛋白偶联受体；②激活蛋白激酶A（PKA）；③磷酸化；④水通道蛋白转移到细胞膜

图8-11　抗利尿激素作用机制示意图

下丘脑通过垂体调节和控制某些内分泌腺中激素的合成和分泌，而激素进入血液后，又可以反过来调节下丘脑和垂体中有关激素的合成和分泌，这种调节就是一种反馈调节。通过反馈调节，使某种激素浓度不至于太高，也不至于太低，从而保持相对稳定的生理浓度值，对生命活动发挥正常的调节功能，避免激素水平过高或过低而引起激素失调症。

另外一个例子是抗利尿激素（又称血管紧张素）。抗利尿激素（ADH）由下丘脑视上核（相当于硬骨鱼的视前核）和室旁核的一些神经元胞体合成。先以ADH前体的形式包装在分泌颗粒中（包含ADH、运载蛋白、糖肽），然后经下丘脑-垂体束神经轴突运输到神经垂体，储存在轴突末梢的囊泡内。当视上核神经元兴奋时，使抗利尿激素(ADH)与运载蛋白分离释放到血液中（如图8-11）。

抗利尿激素可以提高远端小管和集合管上皮细胞对水的通透性，增加对水的重吸收，使尿液浓缩，尿量减少，即发生抗利尿作用。

整个应激响应过程不需要遗传物质的参与，可以达到快速响应。

二、神经内分泌（体液）应激响应原理

与前面体液应激过程相类似，有很多神经内分泌应激响应过程相当简单，并没有遗传物质的参与（如图8-12）。还有最重要的一种就是应激响应过程中有遗传物质的参与，促使细胞反应过程实现了DNA→RNA→蛋白质的转录翻译的诱导应答过程（如图8-13）。这两种情况在不同物种中出现的比例会有所不同。

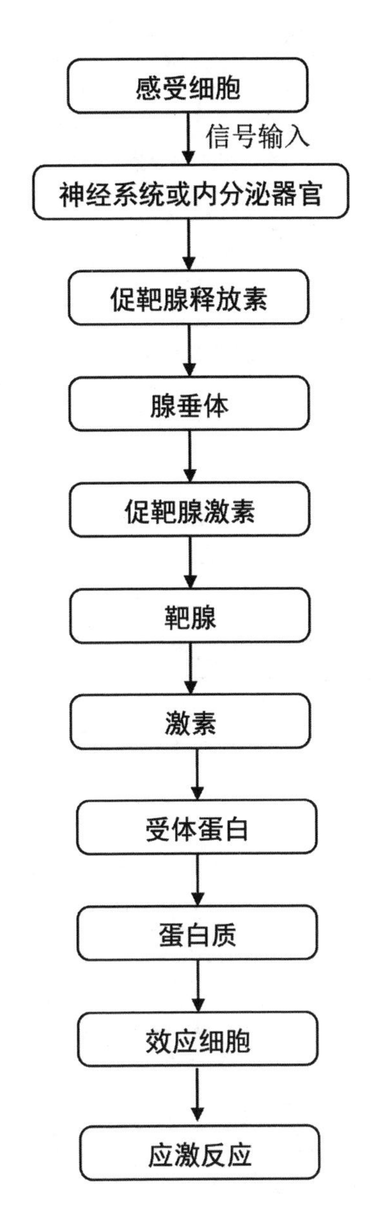

图8-12　神经内分泌联合作用下的简单应激响应原理图（没有遗传物质参与）

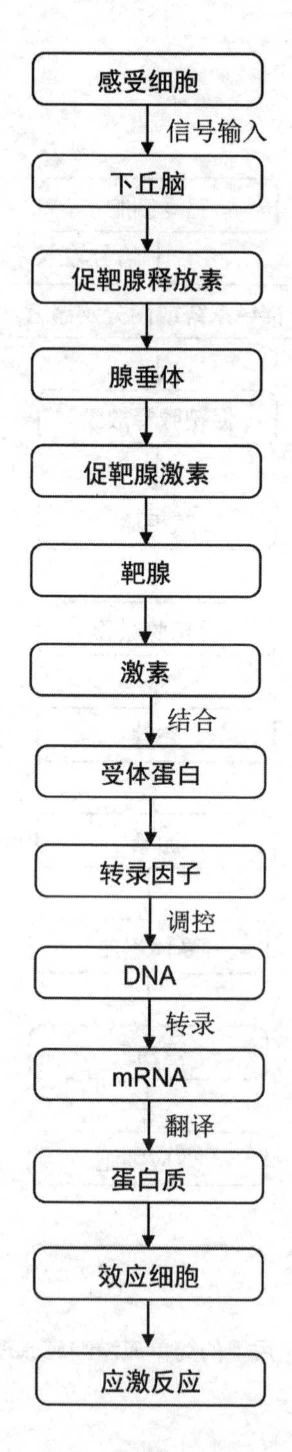

图8-13　神经内分泌联合作用下的应激响应原理图（有遗传物质参与）

每个应激响应通路并不是完全独立的，而是多个应激响应通路形成一种复杂的网状信号网络系统。这与互联网相类似，实际上每一种生物化学信号分子（如激素、第二信使、蛋白质分子等）就相当于互联网中的一个路由器，起到信息识别、信息过滤、信息转换、信息分配、信息增强等作用。而物种个体自身的感受器官和效应器官类似于互联网中的客户端电脑；感受器官对生态位因子激发信号具有信号接收、信号过滤、信号编码、信号转换等功能。不同的感受器官对同一生态位因子激发条件的信号综合分析会在神经系统中形成特定的信号编码，这样就能够识别这种激发源的具体物理和化学综合特性，例如我们的手指触到了热水杯，那么会产生触觉、痛觉、热觉、压力感觉等综合信号，这些信号会形成一种综合编码，这样就会通过应激响应通路，形成神经应激响应过程，产生缩手应激反应。同样，缩手应激反应也是由神经系统传递过来的综合信号编码分别作用于我们手部的不同肌肉，从而产生一种协同的作用效果——缩手反应。

当然，不同的生态位因子激发条件的同时，也会在感受器官信号输入过程中形成特定的信号编码，便于神经系统的识别。效应器官也会受到不同的信号编码作用，从而产生一种协同的应激反应。可以看出，感受器官的信号输入是多通路的，效应器官的诱导输出也是多通路的，而应激响应过程也是多通路的，所以整个应激响应过程就是一个复杂的网状信号处理网络系统。之所以能够形成这种有效的信号处理网络系统，这要归功于高度发达的神经系统，尤其是高等动物的大脑就是这个信号处理系统的核心。正是有了这个信号网络平台，比较容易建立一个新的应激响应通路，实现物种自然适应进化过程。这就是越是高等的生物进化速度就越快，进化程度就越高，而低等生物就望尘莫及了。

第四篇

生存策略理论

前面一篇介绍过，应激响应是指物种个体在生态位因子的激发下，感受器官接收激发信号输入，通过体液、神经系统或神经体液的逐级诱导应答响应过程，促使效应器官产生应激反应，应激反应对相应的生态位因子形成利用或抵制作用。应激响应会形成一个主要的应激响应通路。

物种个体的生存策略是指一个或多个应激响应过程所产生的应激反应协同起作用，从而实现自身的器官组织和生理功能对一个或多个生态位因子的综合利用或抵制。

种群的生存策略是指生态位变化引起种群的变化，种群的变化又会形成对生态位的新的适应，始终保持种群对生态位的适应性稳态。种群层面的生存策略是对物种个体生存策略的协同整合。生态位的变化包括生态位遏制、生态位释放、生态位分化、生态位扩展、生态位隔离等，而种群对生态位的变化也会引起自身变化，如种群数量、种内争斗、年龄结构和种群秩序等的变化。生态位的遏制作用促使种群只能保持一定的种群数量和密度，生态位释放会让种群通过大量繁殖快速占领空出的生态位空间。

种群生存策略的实施边界就在于生态位，正是由于生态位的遏制作用，将种群生存策略限制在能够有效适应的特定范围内，而不会无限扩张。

第九章　物种个体生存策略稳态和变化

物种个体的生存策略是指一个或多个应激响应过程所产生的应激反应协同起作用，从而实现自身的器官组织和生理功能对一个或多个生态位因子的综合利用或抵制。物种个体的生存策略大多是负反馈调节方式。直观地说，物种个体生存策略就是要利用自身的器官组织和生理功能实现利用有利的生态位因子，而抵制不利的生态位因子，综合为趋利避害。

我们以动物获取食物来讲述应激响应和生存策略的关系，我们知道动物类获取食物的过程，是需要眼、耳、鼻等感觉器官通过视觉、听觉、嗅觉等进行激发信号输入；通过应激响应过程，食草动物会判断哪些草本类食物能够食用，就会通过口腔进行取食；食肉动物还会产生追捕猎物的行为过程，通过口腔利用牙齿、舌头、唇、肌肉等器官组织进行取食，同时受到食物生态位因子的激发作用后，口腔腺通过应激响应过程会分泌唾液，舌头将牙齿嚼碎后的食物与唾液混合，唾液中的淀粉酶能部分分解碳水化合物，借助唾液的润滑作用将混合后的食物推向咽。咽部是呼吸道和消化道的共同通道，受食物这一生态位因子的激发作用会通过神经应激响应过程，产生吞咽这一应激反应。同理，食物经过咽进入食管，食管同样也会产生应激响应过程，产生肌肉的蠕动应激反应，将食物推向胃部。食物在胃内激发产生应激响应过程，产生的应激反应，包括器官组织的蠕动，还有会诱导胃壁黏膜上大量腺体来分泌胃液，消化食物；并形成食糜，排入十二指肠。食物对十二指肠的激发作用会产生应激响应过程，应激反应会促使胰腺和肝脏等分泌消化酶和胆汁（储存于胆囊），并流入十二指肠促进食物消化。下一段是空肠和回肠，主要生理功能是消化和吸收食物，并将食物蠕动推向大肠。大肠的生理功能是进一步吸收水分和电解质，形成、贮存和排泄粪便。大肠内富含大量微生物，构建了肠道菌群稳态，能够进一步消化一些肠内容物，有助于营养物质的吸收。最后会通过排便应激响应过程，将粪便排出体外。

可以看出，对食物生态位因子的激发作用，产生几十上百个应激响应过程，同时产生的应激反应也达到几十上百个，会有成百上千个器官组织来参与整个消化和吸收过程，同时也会产生大量的生理功能，这些应激响应过程通过协同作用，完成对食物的取食和消化过程，这只是食物在个体内的功能协调性作用过程。最重要的部分在于食物的获取，食草动物会逐水草而迁移，就是获取食物要不断地迁移行动，那么必然会有更多的应激响应过程参与，通过四肢肌肉的功能协调性作用进行迁移；对于食肉动物而言，捕食过程将更加复杂，必然会有更多的应激响应过程参与，通过四肢肌肉的功能协调性作用进行奔跑，当然还有呼吸系统等的协同作用过程，最终达到能够捕获食物再进食。

这成千上万个应激响应过程，几乎调动了个体的所有器官组织来产生应激反应，还会产生大量的生理功能，这些全部应激响应过程的协同作用，最终达到的就是个体的生存策略——获取食物。

当然，应激响应过程也会有反馈作用过程，其中有部分是没有反馈作用过程的；个体的生存策略也会有反馈作用过程。

由于物种个体差异的存在，个体的器官组织或生理功能会存在一定的差异性，在面对相同的生态位因子激发作用时，所产生的应激响应过程也会存在一定的差异性，最后形成的物种个体生存策略自然也会形成一定的差异性。或者说物种个体自身条件（器官组织和生理功能）不同，面对相同的生态位因子，自然也会采取不同的生存策略来应对。对于高等动物而言，由器官组织和生理功能在功能协调性作用下产生的行为必然也会出现差异性，比如，成年力壮的或年老的食草动物个体会在种群外围吃青草，这是由于青草量多践踏少，青草较新鲜，但是被捕食的风险是最大的，正所谓利益最大风险也最大。而一般带着幼崽的雌性成员个体会在种群中间位置吃草，主要是为了保护幼崽安全。

第一节　动物个体的生存策略

动物个体的生存策略机制主要体现在以下几个方面：1. 获取食物，如通过取食或捕捉食物、储存食物、积累脂肪等。2. 保持生命机能，抵制酷热、严寒、干燥、潮湿等，动物有很多的生活习性来抵制不利自然环境的侵袭，从而维持体温和机能活力的稳定，如穴居、洞居、夏眠、冬眠、换毛、迁飞等。3. 生殖和养育方式，如排卵、授精、训练、演示等。4. 安全防护（防捕食），如筑巢、挖穴、筑窝、保护色、警戒色、拟态等。

个体会自行采取一些独特的生存策略，比如独立个体、家庭形式、两两结群或三五成群等小范围生存策略。

还有很多情况下，动物个体的生存策略，有时也是种群的生存策略，种群生存策略只是个体生存策略的简单叠加组合，很难再将它们分开研究，后面种群的生存策略里会有详细的介绍，这里就不多叙述了。

任何动物首先要考虑的就是获取食物。所以，食物成为遏制个体生存的最主要因素。动物获取食物就是最大限度地利用生态位空间中能够利用的一切资源。通俗地讲，就是动物会吃生态位内所有能吃的一切食物。所以说，食物是最主要的因素，抵制不利环境保持体能只是次要选择，只要有充足的食物来源，它们便更容易抵制不利生态位因子。比如棕熊和黑熊的冬眠实际上是一种节约能量的生存策略机制。棕熊和黑熊生存的生态位环境中冬季很难获取食物，每天获取的食物量不足以补充因超远距离觅食而消耗的能量，自然会选择更节省能量的方式，即通过冬眠降低能量消耗，渡过难关。而北极熊则相反，在寒冷的季节里更加活跃地捕食，这时正是其主要食物来源——海豹的繁殖期，北极熊能够较容易地捕获食物，所以要在寒冷季节捕获更多食物，进行脂肪的储备，而到了夏季，冰雪消融，反而成了北极熊最难熬的日子，这时捕获海豹非常困难，只能到处游荡来靠运气觅食，身体贮备的脂肪也日益消耗。

一、获取食物

任何动物首先要考虑的就是获取食物，包括水。所以，食物成为遏制生物种群和个体的最主要因素。

如非洲马拉马拉草原上的角马群，达到百万数量级，与角马群伴随的还有斑马群，猎食动物有狮群、猎豹、鳄鱼等。角马群是个庞大的种群，仅每年出生的幼崽也是一个庞大的数目，对于这个庞大的群体，能够遏制其种群规模的是捕食者吗？答案是否定的。能够遏制整个角马种群的是食物来源。所以，获取食物是角马群的头等大事，是主要的决定因素。即使没有捕食者，对于如此庞大的角马群每天的正常死亡数量也有几十匹。所以，对于捕食者的猎杀行为，角马们熟视无睹，根本不予理会。对每一匹角马而言，它们并不认为自己会成为捕食者的食物，因为在庞大的角马群中能够捕食到自己的概率很微小，所以角马更多的时间是低头进食，而不是仰头侦察捕食者；即使捕食者发起攻击，它们也只是散乱地奔跑，一是为了躲避猎杀，二是干扰捕食者追踪目标。角马群个体的生存策略都会因形势而异，如果被捕食者追赶的对象是成年角马时，其他角马会四散而逃，它们奔跑一会儿后如果觉得自己不是被追捕的目标，一般都会停下来观望，一直等到捕食者捕获了追捕的那匹角马，其他角马就会放心地低头进食，完全不顾其他。这是因为角马们知道捕食者这时正忙于进食，绝对不会再捕食了，这时它们是最安全的。如果被捕食者追赶的对象是幼年角马时，大多数情况下角马群会合围成一个大包围圈，角马的头部一致朝外应对捕食者，将幼年角马围在中间，捕食者遇到这种情况也只能放弃捕食。

对捕食者如狮群，其主要生存策略仍然是食物，在捕食时一旦盯准目标就要一追到底，不能中途随意更换目标，否则会前功尽弃。捕食者选择目标时一般是以年长的角马为多，主要原因是年长角马的牙齿由于使用年限长，磨损比较严重，所以只能食用更嫩的青草，而这些嫩青草都是在群体的外围没有其他成员触及的地方。当然还有一些年青力壮胆大的角马也会选择这些嫩青草，远离群体就很容易遭到捕食者的伏击。年轻力壮的角马在大多数情况下都能摆脱猎杀，而那些年长的角马由于年老体衰，很难摆脱猎杀，大多会成为猎物。

二、保持生命机能

动物都有自己的生存策略来抵制高温、酷热、严寒、冷冻、干燥等不利自然环境因子的侵害（胁迫），以保持生命特征。

例如，一些鸟类和哺乳动物，可以通过类似于冬眠的夏季休眠来度过沙漠长期的高温和类似环境，这种休眠叫作夏眠。对于抵制冷环境的深度蛰伏叫作冬眠。冬眠通常的特征是心率和总代谢能降低，棕熊和黑熊的体温会低于10℃。其中蛰伏可作为日周期的一部分发生，如发生在蜂鸟雀、蝙蝠和鼠类等，也可能持续较长时间。另外有一些鸟类和哺乳动物，在其不活动期间，可通过临时将体温降到接近环境温度来节约能量。

动物在高温环境下保持生命机能的生存策略就是适当放松恒温性，使体温有较大的变幅，这样在高温炎热的时刻身体就能暂时吸收和储存大量的热并使体温升高，而后在环境条件改善时躲到阴凉处再把体内的热量释放出去，体温也会随之下降。昼伏夜出和穴居是沙漠啮齿动物躲避高温的生存策略，因为夜晚湿度大温度低，可大大减少蒸发散热失水。

对炎热高温生态位因子的利用或抵制，各种动物都能够扬长护短找到适合自身器官组织的生存策略，如猫头鹰、夜鹰会张大嘴，它们是通过鼓翼喉部，来蒸发口腔中的水分，以达到散热的目的。火鸡和黑秃鹰的羽毛深暗，不可避免要从外界吸收相当多的热量。它们的散热方式很特别：把尿撒在自己的腿上，利用尿液蒸发使腿部降温，再依靠血液循环，腿部的凉血流回上身，为整个身体降温。

对干涸缺水生态位因子的利用或抵制，各种动物都能够扬长护短找到适合自身器官组织的生存策略，如沙漠动物摄取水分的直接来源是植物，尤其是多汁植物，例如仙人掌。大多数昆虫都是靠吸取植物的汁液（如花蜜或树液）为生，其他则通过食用植物的树叶和果实获取其中的水分。昆虫的繁荣，又为鸟类、蝙蝠、蜥蜴等物种提供了丰富的食物来源。另外，一些动物为保持水分，生理机能进化得极为精密，如沙漠爬行动物和鸟类，都以尿酸的形式排泄，尿酸是一种不能溶解的白色化合物，整个排泄过程几乎不消耗水分。

还有一些沙漠动物的生存策略是直接趋利避害，如绝大部分沙漠鸟类只在黎明或日落后的几个小时活动，其他时候则躲在凉爽、有阴影的地方。也有一些种类，例如极乐鸟，也在白天活动，不过它们会时不时地在阴凉处歇歇脚。

三、生殖和养育方式

动物的生殖有两种方式，即无性生殖与有性生殖。

许多低等生物，包括绝大多数细菌和原生动物都是通过无性生殖繁衍后代的。例如，变形虫在生长成熟后以一分为二的方式进行自我复制。它的核通过有丝分裂过程分裂，一个变形虫分裂成为子代的两个变形虫。子代变形虫所含的遗传物质与亲代的遗传物质完全相同。多细胞动物中的水螅也可以进行无性生殖。在淡水中生活的水螅通过出芽的方式长出新的水螅。

这样通过无性生殖所繁衍的后代与亲代完全一样。这种繁殖方式简单，快速，没有遗传物质的浪费。

在生物的进化过程中出现了另一种生殖方式，即有性生殖。在原生动物中，单细胞的草履虫就既具有无性生殖方式，又具有有性生殖方式。草履虫的无性生殖方式与变形虫的相似，但经过若干代无性生殖后分裂能力逐渐衰减，直到完全丧失，必须经过有性生殖方式才能恢复分裂能力。

绝大多数动物都是通过有性生殖繁衍后代的。动物个体分为雄性与雌性两类，繁衍的后代由雄性个体与雌性个体各提供一半的遗传物质。低等动物的生殖系统比较简单，而且多数是在水中受精。随着动物的进化，从水生到陆生，从体外受精到体内受精，逐步形成两性不同的外生殖器和内生殖器。哺乳动物则进一步由卵生发展到胎生，在雌性动物体内出现了专供胚胎发育的器官——子宫。人类男、女两性的生殖器官及其附属结构，以及相关的功能已经发展到相当复杂的程度。

这里我们要指出的是，大多数生物都是以两性生殖为主，辅以无性生殖，主要是在恶劣环境或特殊情况下才会进行无性生殖。这是因为只有两性生殖才是维系种群关系的纽带。种群是物种在自然界中存在的基本单元。只有种群才是真正意义上生物进化的基础单元，是能够发生进化的集合。两性生殖在自然适应进化过程中就是一种选择作用过程，特别是在物种起源早期的低等生物进化中，必然会同时存在无性生殖和两性生殖，但是自从有了捕食者，这种局势就发生了根本性的变化。如果起源早期的某些低等生物完全采取了无性生殖方式，这样就不会进行群聚，所有个体都可以单独地独立生存和繁衍后代，从而能够分布到广阔的生态位空间，但是自从有了捕食者这一食物链因素，问题就来了，这就意味着这些单独分布的个体成为捕食者充足的食物来源，会引起捕食者大量繁殖、大量存活，会将这些食物全部消灭掉。反而那些有两性生殖的低等生物，由于两性生殖的需要，往往会集聚成群体，这时面对捕食者，就会形成相互间的遏制作用，能够将种群维持到一定数量，也会遏制捕食者的大量繁殖、大量存活，这样就形成生态位遏制作用，实现物种持续进化，从而发展进化成为今天的物种多样性。

两性生殖这种生存策略就是一种利用关系，正是由于这种生殖需求关系，将两性联结起来，聚集形成种群，这是所有物种个体的有利选择。这是因为，一是利用两性生殖这种生理功能能够将两性联结起来扩大形成种群，而不至于分散独立；二是生育的后代会壮大种群规模，这样对雌雄亲本和整个种群都是有利的。

四、安全防护（防捕食）

安全防护是指动物保护自己免受捕食的生存策略机制，也是经过世代传递固化形成的动物的生活习性或本能反应。

安全防护更多地体现在最大限度利用生态位环境，形成与自身器官组织对应的生存策略。任何动物在安全防护方面都会按照自身的器官组织和生理功能特点通过扬长护短形成特殊的生存策略机制。

1. 结群（社群）

动物类的结群（社群）对于获取食物和安全防护能提供更加有利的条件。

2. 穴居或洞居

很多动物过着穴居或洞居的生活，它们最大限度地利用洞穴达成一种生存策略。一是在获取食物方面更有利，可以短时间外出获取食物，如遇敌害可以快速跑回躲避，还可以将食物带回来储藏；二是捕食动物很难发现它们；三是对于生育和养育也是非常有利的，在外出获取食物时防止幼崽被捕食者发现。还有一些动物终生都生活在地下，如蚯蚓和鼹鼠等，它们往往具有极化的习性和食性。另外一些动物至少有部分时间在开阔地生活，例如，野兔于晨昏和夜晚来到地面觅食，而在易被捕食动物发现的白天则隐藏在洞穴中。

3. 回缩

最典型的例子就是乌龟在受到惊吓时会将头和四肢快速缩回壳内，这就是逃避敌害的一种生存策略，正是其具有一个坚硬的防护外壳，更准确地说是“外盒”，可以全面防护的壳，所以其最简单、最直接的安全防护策略就是回缩。

还有，如管居沙蚕会缩回自己的管内躲避敌害；有刺动物滚成球或将刺直立起来保护软体部位。

4. 逃遁

这是动物最常用的回避敌害的生存策略。

5. 威吓

在自然界是很常见的一种安全防护行为。例如，类似蝗科昆虫的拟蝗在捕食动物逼近时往往会摆出一副威吓的姿态。蟾蜍在受到攻击时，会因肺部充气而使整个身体膨胀起来，给人一种身体很大的假象。

6. 假死

假死是很多甲虫、螳螂、蜘蛛和负鼠科动物等常用的一种生存策略。通常这些动物只能短时间地保持假死状态，之后便会突然飞走或逃走。

7. 转移攻击者的攻击部位

例如，很多蜥蜴在受到攻击时都会主动把尾巴脱掉。

8. 反击

动物也有用化学武器进行反击的，如绿蝗则从胸部分泌出难闻的黄色泡沫。

9. 激怒反应

激怒反应指捕食动物出现时猎物群体的激动情绪及其所表现的行为反应，这种反应可能会对捕食者发动攻击。一个具有激怒反应的动物群体常常能够成功地驱逐和击退捕食者的进攻，从而减少自身及其后代所面临的风险。例如，灰喜鹊和喜鹊等很多集体营巢的鸟类就是靠激怒反应而获得安全的。还有，如母鸡孵化小鸡后常表现出一种激怒行为。

10. 报警信号

报警信号有在面对攻击者时召唤同伴的作用，也有警告同伴躲入安全场所的作用。例如，有些鱼类对受伤的同种个体所释放出的化学物质具有逃避反应，像鳔鲈等鱼类能释放报警化学物质。在大多数情况下，只有结群生活的鱼类才有这种防御方式。

还有，捕食者为了保护食物源会对猎物进行另类的保护，首先捕食者为了占有和保护食物源（食草动物），会和其他种群间进行争斗，包括同一物种的其他群体，还会驱赶其他捕食者，或者杀死其他捕食者的幼崽，间接地也是保护食草动物，防止被更多的捕食者猎食。

11. 保护色

保护色是物种对自身器官组织（皮毛）合理利用的结果。

首先来看一下颜色与光的关系，这样便于从物理光学来研究生物的保护色。

光在物质中发生干涉、衍射、反射、折射、散射等相互作用，从而产生多姿多彩的物体颜色。比如，蓝色的天空和晚霞是由于日光被空气散射造成的，水面上的油膜、肥皂泡是干涉造成的，衍射光栅的颜色是衍射造成的，彩虹和晕是色散的折射和偏振造成的，等等。

通常说，光是具有某种颜色的，是因为它在可见光波长范围的某个或某几个波段中具有较多的能量。不透明物体的颜色是由它的反射光决定的。可以简单地认为，反射率在10%以下，就是黑色，在80%以上，就是白色。

在某种颜色为主的自然环境中，主要是光反射的原理作用，如植物的绿色、北极的冰雪白色、沙漠的黄色等。物种体表能够显现出不同的颜色，首先与物种内的组织成分有关，如植物叶片含有丰富的叶绿体，叶绿体是进行光合作用的主要器官，主要吸收蓝光和红光进行光合作用，而将其他颜色特别是绿光反射出去，所以叶片呈现出绿色；此外，很多生物的体表色彩是为了避免受到环境色彩的“过多”照射，从而在体内发生一系列的应激响应过程来抵制这种“色彩”的照射作用，物种体表会更多地反射这种光线，以较少吸收这种光线。

比如，北极狼由于受到自然环境中强烈的冰雪白色光线（主要是太阳光线的直射作用和冰川的漫反射作用）的激发，北极狼的应激响应过程会抵制这种不利生态位因子的作用，这样北极狼的毛色就会呈现与环境颜色同样的白色来保护自己，将照射到身上的光线更多地反射出去，以保护身体免受伤害。

还有如沙漠里的动物，大多数都以微黄的“沙漠色”作为它们的毛色特征，包括那里的蠕虫、鸟、蛇、蜘蛛、蜥蜴等。再有生活在树皮上的蝶蛾和毛虫，颜色都非常接近树皮的颜色。

动物是充分利用自身的毛皮颜色与环境颜色相同或接近来掩护自身的安全，而不是为了自身安全而特地进化出与环境颜色相同或相近的毛皮颜色。

物种的保护色真正起到的作用是减少被捕食的概率或增加捕食者捕食所需消耗的平均时间，其实并不能阻止被捕食。对于捕食者而言，如果被捕食的动物有较好的保护色，那么在捕食过程中搜索寻找的平均时间会变长，那么在相同的捕食时间内所捕获的食物量会减少，这就是生态位遏制作用，会使得捕食者的个体体形被限制，或者捕食者的种群数量会受到限制，抑或两者都会发生。

12. 拟态

拟态也是一种物种对自身器官组织（体形外观）合理利用的结果。

一种动物在形态和体色上模仿另一种有毒和不可食的动物而得到好处，就会更多地加以利用，这种防御就是拟态行为。

大多数食虫动物是不吃蚂蚁的，因为蚂蚁分泌的蚁酸有很大刺激性且使蚂蚁的味道不好，因此常常会有一些动物在体色、形态和行为方面模拟蚂蚁。在印度曾发现过几种模拟蚂蚁的蜘蛛，其中一种蜘蛛非常像印度的大黑蚁，它们不仅大小、体形和颜色完全一样，而且都生有细长的足，但蚂蚁的足是3对，而蜘蛛的足是4对。因此，蜘蛛的1对前足用来模拟蚂蚁的触角，其动作方式也和蚂蚁的触角保持一致。蜘蛛借助模拟蚂蚁既可在天敌面前保护自己，又可在猎物面前隐蔽自己。

物种的拟态真正起到的作用是减少被捕食的概率或增加捕食者捕食所需消耗的平均时间，其实并不能阻止被捕食。

13. 警戒色

警戒色是物种对自身器官组织（如表皮或皮毛）合理利用的结果。警戒色一般都是生物体表有鲜明的颜色信息，这种颜色信息大多与生物体内体液有关，比如消化液等，反映到体表就是具有鲜明的颜色信息，至于有效利用这种鲜明颜色防止捕食，或者什么也不用做，这是合理利用的一种生存策略。

典型的例子是黄蜂和胡蜂，它们的身体有黑黄相间的醒目条纹，起到警戒其他捕食者的作用。当受到攻击时，它们则用毒刺进行反击。某些有恶臭和毒刺的动物还具有鲜艳的色彩和斑纹，可以使敌害易于识别，避免自身遭到攻击，如毒蛾的幼虫，多数都具有鲜艳的色彩和花纹，如果被鸟类吞食，其毒毛会刺伤鸟的口腔黏膜，这种毒蛾幼虫的色彩就成为鸟的警戒色。但是，某种鸟受到警告不去捕食，并不代表其他生物就不会去捕食，比如黑曼巴蛇虽然具有强烈的警戒色，但是蛇鹫由于小腿和脚表面长有很厚的角质鳞片，这是由于其习惯行走于灌丛时或捕蛇时脚部不致受到伤害，蛇鹫就是利用疲劳战术与各种毒蛇斗智斗勇，最后将其捕食。所以，这种警戒色并不是有效的防护策略，只是合理利用的一种生存策略。

下面总结一下动物器官组织及相应的生存策略机制。

动物的个体、器官组织和细胞的生存策略主要体现在对生态位因子的利用或抵制作用。

就陆生动物而言，从水生起源发展到陆地生活，要克服的第一个障碍就是水能否满足生物有机体内一切生命活动的基本需要。以昆虫为例说明，昆虫的绝大部分种类是生活在陆地上的，从水生到陆生，昆虫经过长期的进化产生了一系列的器官组织、生理功能来利用和抵制陆地生活条件。如为了减少水分的丧失，体表具有蜡质层作为保护层、后肠水分的再吸收、控制气门的开闭时间、利用代谢水等。在适应了陆地生活后，动物对水分状况各相差异的环境条件下，必然会在行为上采取不同的方式。如有的选择一天中湿度适宜的时间出来活动，有的在干旱季节迁徙，有的选择潮湿的小环境，另外有些会夏眠与滞育等。还有如生活在干旱荒漠中的动物，大部分种类是生活在地下的，美国西南部的一种大毒蜥一年中大部分时间是在地洞里生活的。

对于水生生物而言，为了抵制下沉的趋势，水生生物进化出了多种多样的器官组织，如许多鱼体内都有鳔，使鱼体增加浮力。由于水的浮力比空气大得多，因此可以增加水生生物的浮力。水的高黏滞性同时也对动物在水中的各种运动形成较大的阻力。因此，能够快速移动的动物体形往往呈流线型。

（1）光感受器官对光产生的感知作用——利用光线因子的应激响应过程。在物种进化过程中对于光线的感受能力使得细胞不断地分化从而产生了感光细胞，感光细胞的聚合形成了眼睛，而眼睛在进化过程中不断地集成化，不仅能感知光线刺激，还具有一个能聚焦光线形成图像的晶状体，在自然进化中获得了晶状体后，生物的视觉效果就从1%骤然上升到100%。

对于原生动物而言，对光线的感受器官较简单，称为眼点。眼点是具有色素而有感光功能的结构，一些单细胞生物如衣藻等也具有这种构造。比眼点结构更复杂一些的光感受器官是单眼，它聚集有很多感光细胞，周围有色素，表面被一个两凸形的角膜罩住。单眼只能感觉光的强弱，不能辨识物体的形状，例如许多无脊椎动物像一些昆虫都具有单眼。比单眼更高级的是复眼，这是由多个“小眼”组成的视觉感受器官。其中的每一个“小眼”外部由六角形眼面组成，内部与感光细胞和神经连着，由多个“小眼”组成的复眼能感受物体的形状、大小，并可辨别颜色，如虾、蟹、蜻蜓、蜘蛛等动物都具有复眼。

在长期自然进化历程中，动物的眼睛成为感觉器官，通过对光线这一生态位因子的信号输入，实现应激响应过程，从而通过自身的其他器官组织和生理功能实现对生态位因子的合理利用或抵制。如弹涂鱼生活在水里，但它们时常爬到岸边的树上，在陆地上待上几个小时。因此，它们的眼睛是典型的陆地型眼睛。而它生活的水域大都是水质混浊的池塘，水下的视力好坏也无关紧要；豉虫生活的水域是清澈的，由于它在定居问题上适应了水陆两栖，因此大自然毫不吝啬地给了它两对眼睛，一对在水里用，另一对出水面用；美洲中部湖泊里的一种四眼鱼，能敏捷地跃出水面，捕食正在飞行的昆虫。说它是“四眼鱼”，实际上只有两只眼，它的两只眼睛的特别之处在于，瞳孔上下径伸长并被一层间隔横截成两个部分，透明介质上部的折射介质适于在空气中看东西，下半部则适于在水中观察。

猫头鹰是善于夜战的动物，光线再弱它也能明察秋毫。它看东西所需要的光，强度仅为人眼需求的1/100。

（2）声感受器官能对不同频率的声音产生感知作用——利用声波因子的应激响应过程。不同的动物具有的声音感受器官组织大不相同。有些动物的听觉器官通常像鼓的形状，上有薄膜，能接收声波。例如，蝗虫的听感受器官位于腹部第一节侧面，蟋蟀的声音感受器官位于前足胫节接近基部的地方。

此外，蝙蝠能够分辨声音的本领很高，正是源于其耳内具有超声波定位的结构，非常适合在黑暗中生活，它的眼睛几乎不起作用，通过发射超声波并且是人类听不到的超声波，遇到昆虫后会反弹回来，蝙蝠用耳朵捕捉来定位。

声音的有效度与生态位环境密切相关，也受到生存策略的制约。例如，鸟类主要用听觉信号传递信息。不同频率的声音所能传播的距离，要取决于环境的声学性质。声音在传播中会迅速被植物吸收，从而减少可能到达接收者的信号数量。听觉信号也可被反射或衍射，也会影响信号的完整性。莫顿（F.S.Morton）曾在巴拿马做过试验。他在森林和草地上播放不同频率的声音，并在不同高度处用录音机做了记录。莫顿发现，在森林中，低频率和高频率声音都会较快地被吸收，而频率在1500—2500Hz范围内的声音却保持得较好。值得注意的是，正是在巴拿马的这个森林地区，一些有代表性的鸟类所发出的声音大部分也在1500—2500Hz

这个波段内，这些声音频率正是有效利用的一种生存策略选择（传播的距离最大，信号衰减量最小）。

第二节　植物个体的生存策略

对于植物物种个体来讲，生存策略机制主要体现在以下几个方面：1. 获取光和养分，包括阳光、二氧化碳、氧气、土壤中的养分等。2. 保持生命机能，抵制酷热、严寒、干燥、潮湿等。3. 生殖和发育。4. 安全防护。

一、获取光和养分

植物可以利用不同可见光。太阳可见光是由一系列不同波长的单色光组成的，其波长范围380—760nm，光合作用的光谱范围在可见光范围内。不同的光波对植物的光合作用、色素形成、向光性、形态建成的诱导等影响是不同的。其中，红橙光主要被叶绿素吸收，对叶绿素的形成有促进作用；蓝紫光也能被叶绿素和类胡萝卜素吸收；绿光很少被吸收利用。所以，大多数植物的枝叶呈现绿色，正是由于绿光被全部反射而形成的。实验证明，红光有利于糖的合成，蓝光有利于蛋白质的合成。蓝紫光与青光对植物伸长有抑制作用，使植物矮化。青光诱导植物的向光性。红光与远红光是引起植物光周期反应的敏感光波。

向光素是在研究植物的向光反应中被发现的，向光素的生色团是黄素单核苷酸（FMN）。拟南芥、水稻中至少有两个向光素基因。向光素主要调节植物的运动，如向光反应、气孔运动以及叶绿体运动等。

向光性使得植物的叶子具有向光性的特点，这样可以让叶子尽量处于最适宜利用光能的方向，特别是某些植物生长旺盛的叶子，对阳光方向改变的反应很快，它们竟能随着太阳的运动而转动，如向日葵和棉花等。植物感受光的部分是茎尖、芽鞘尖端、根尖、某些叶片或生长中的茎。棉花、向日葵、花生等植物顶端在一天中随阳光而转动，呈所谓“太阳追踪”，叶片与光垂直，即横向光性生存策略。

光照还可以影响气孔运动，这是一种常见的生存策略方式。一般情况下，气孔在光照激发因子下会张开，在黑暗中能关闭。因为光照能诱导糖、苹果酸的形成和K^+、Cl^-的积累。在光照中，红光是光合作用的有效光谱，进行光合作用，形成淀粉，分解为可溶性糖，降低保卫细胞水势，吸水膨胀，促使气孔开放；同时蓝光也有使气孔张开的功能。双光实验证明，鸭跖草叶表皮被红光照射，光合作用达到饱和时，气孔开度也维持着最高水平。此时如果外加蓝光照射，气孔会进一步张开，这是因为蓝光能诱导保卫细胞质膜上的H^+-ATP酶，释放H^+到细胞质中，降低pH，细胞质就会膨胀，气孔张开。

光线的明暗影响植物产生负相关的感夜性，许多植物（如大豆、花生、木瓜、含羞草、合欢等）的叶子（或小叶）白天高挺张开、晚上合拢或下垂。这种植物局部，特别是叶和花，能接受光的刺激，发生生理应激反应，就称为感夜性。蒲公英的花序在晚上闭合，白天开放。相反，烟草、紫茉莉的花在晚上开放，白天闭合。这种由于光暗变化而引起的运动，也属于感夜运动。感夜运动的器官有些有叶枕，有些没有叶枕。感夜运动产生的可能原因是，叶片在白天合成许多生长素，主要运输到叶柄下半侧，K^+和Cl^-也被运输到生长素浓度高的地方，水分就进入叶枕（植物中感受重力的器官），细胞膨胀，导致叶片高挺。到晚上，生长素运输量减少，产生负相关反应，叶片就会下垂。植物之所以对光暗有反应，是因为有光周期的作用，这种昼夜有内在节奏的变化是由生物钟控制的。

对氧气吸收和利用能够诱导糖酵解，这是一种植物呼吸作用的生存策略机制。通过氧气诱导调节细胞内柠檬酸、ATP、ADP和Pi（体液）的水平，从而调节控制糖酵解的速度，使之保持在一定水平上。环境条件中当氧气缺乏时，糖酵解会加速，释放较多的CO_2。倘若氧气不断地增加，糖酵解速度就会变慢，CO_2释放量同时会减少。氧分子的体积分数在3%—4%时为基点，过高过低都会使呼吸速率提高，所以形成植物对氧气生态位因子所产生的感受阈值。氧气的增加与缺乏引起了植物在有氧呼吸和无氧呼吸间的转换，这里氧气成为生态位因子，从而影响到体液内的各类化学物质如柠檬酸、ATP、ADP和Pi（体液）的含量水平从而诱导来控制糖酵解的速度快慢。人们利用这个应激响应过程，在贮藏苹果等水果时，通过调节外界氧浓度使有氧呼吸减至最低限度，但不激发糖酵解，果实中的糖类等分解得最慢，有利于贮藏。

植物的根负责吸收土壤里面的水分、无机盐及可溶性小分子有机质等，将水与矿物质输导到茎。

二、保持生命机能

生物对高温（胁迫）下保持生命机能也表现得很明显。高温致害主要是会引起酶的活性降低和紊乱、水分代谢失衡、有毒物质积累、细胞膜透性增加和功能降低，植物光合能力下降而呼吸作用加强。植物受高温危害后，会出现各种热害病症：树干（特别是向阳部分）干燥、裂开；叶片出现死斑，叶色变褐、变黄；鲜果（如葡萄、番茄）烧伤，后来受伤处与健康处之间形成木栓，有时甚至整个果实死亡；出现雄性不育，花序或子房脱落等异常现象。

热激蛋白是生物受高温激发后通过应激响应过程产生的一种蛋白，它最早是在果蝇中发现的。现已证明普遍存在于动物、植物和微生物中。例如，当大豆幼苗突然从25℃转至40℃时（仅低于致死温度），就会抑制一些细胞中常见的mRNA和蛋白质合成，但会诱导30—40种其他蛋白的转录和翻译，这些蛋白就是热激蛋白。热激后约5min就可以测出新mRNA发生转录。热激蛋白不仅抗热，也能抵抗各种不利环境，如缺水、伤害、低温、盐害等，这说明细胞在一种生态位因子激发下，会通过应激响应过程对其他生态位因子有交叉抵制作用，例如番茄果实热激（38℃，48h）后，可以加速诱导热激蛋白积累，保护细胞在2℃低温生存21天。

植物也有抵制低温的一套生存策略机制，如北极和高山植物的芽和叶片常受到油脂类物质的保护，芽具鳞片，植物体表面生有蜡粉和密毛，植株矮小并常呈匍匐状、垫状或莲座状等。这些形态有利于保持较高的温度，减轻严寒的影响。

三、生殖和发育

光照强度对植物形态建成有重要作用，光促进组织和器官的分化，制约着器官的生长发育速度，使植物各器官和组织保持发育上的正常比例。植物叶肉细胞中的叶绿体必须在一定的光强条件下才能形成与成熟。弱光下植物色素不能形成，细胞纵向伸长，糖类含量低，植株为黄色软弱状，发生黄化现象。光强有利于果实的成熟，影响果实颜色的花青素的含量与光照强度密切相关。强光照通常有利于提高农业生产的产量和品质，如使粮食作物营养物质充分积累、提高籽粒充实度，使水果糖分含量增加、色素等外观品质充分形成等。

在对植物生长物质的研究中发现，为我们揭示出了调节植物生长发育的机制和原理，生长物质类中的植物激素指一些在植物体内合成，并从产生之处运送到别处，对生长发育产生显著作用的微量有机物，如生长素类、乙烯、脱落酸等。

四、安全防护

植物有很多种不同的安全防护生存策略。例如，植物的轻微触动或震动就会引起细胞膨压变化而引起的植物器官运动，称为感震性生存策略。含羞草对震动的应激反应速度很快，激发后0.1s就开始，几秒钟就完成。

植物对抵抗病原微生物侵害也有一套生存策略机制。植物对病原微生物是有一定的抵抗力的，如果受到病原微生物的外界侵染会促使植物发生一系列的应激响应过程。主要作用表现为：一是加强氧化酶活性，通过分解毒素和抑制病原菌水解酶活性来抵抗病毒；二是促进组织坏死，夺去受侵染附近细胞的养料，使病原体得不到合适的环境而死亡；三是产生对病原微生物有抑制作用的物质，如植物防御素、本质素、抗病蛋白等。

当受到致病细菌的攻击时，植物会通过应激响应过程向根部发出求救信号。科学家们在研究中发现，当植物受到致病细菌的攻击时，叶子会向根部发出求救信号。根部接收到求救信号后也会立即做出应激反应，分泌出一种携带有益菌类的酸性物质解围。

下面总结一下植物的器官组织及相应的生存策略机制。

对于植物而言，其主要的生存策略是对有利条件的利用和对不利环境条件的抵制作用，如干旱缺水抵制能力，植物在水分亏缺严重时，细胞失去紧张，叶片和茎的幼嫩部分下垂，这种在缺水条件下产生的应激反应称为萎蔫。抵制干旱的形态是：根系发达而深扎，根冠比大（能更有效地利用土壤水分，特别是土壤深处的水分，并能保持水分平衡），增加叶片表面的蜡面沉积（减少水分蒸腾），叶片细胞小（可减少细胞收缩产生的机械损害），叶脉较致密，单位面积气孔数目多（加强蒸腾，有利于吸水）。抵制干旱的生理生化应激反应是：细胞液的渗透势低（抗过度脱水），在缺水情况下气孔关闭较晚（光合作用不会立即停止），酶的合成活动仍占优势（仍保持一定水平的生理活动，合成大于分解）。

第三节　个体如何把生存策略传递到种群

由于物种个体差异的存在，个体的器官组织或生理功能会存在一定的差异性，在面对相同的生态位因子激发作用时，所产生的应激响应过程也会存在一定的差异性，最后形成的物种个体生存策略自然也会形成一定的差异性。

那么，个体如何把生存策略传递到种群呢？这也需要一种生存策略来实现。物种个体自身条件（器官组织和生理功能）不同，面对相同的生态位因子，自然也会采取不同的生存策略来应对。那么，这时就会有部分个体，其器官组织和生理功能在针对这一生态位因子时表现出某种“优势”，成为“优势个体”，能起到引领和模范的作用，“优势个体”采取的生存策略就将具有一定的“优势”，会引起种群中其他个体来效法；从而将不同个体的个体生存策略归化成为相同的个体生存策略，如果能引导更多的物种个体来效法，就很可能会上升成为种群的生存策略。比如野牛群受到狮子或猎豹攻击时，起初会一哄而散，拼命逃跑，等稍微缓下来时，野牛会回头查看具体情况；如果发现是单只的狮子或猎豹发起的捕食，某个年轻力壮且胆量大的野牛就会尝试冲向狮子或猎豹，用自己的武器——牛角来驱赶它们，这就是“优势个体”，至少胆识是超过其他野牛的，也很有担当；狮子或猎豹也只是避其锋芒，立即闪开一下，并不走远；这时后面其他野牛也会效法“优势个体”，一起鼓起勇气冲上来驱赶狮子或猎豹，这时狮子或猎豹会非常害怕且无处躲闪，只能灰溜溜地逃走了。我们通过野外观察会发现，胆子大的野牛即便面对狮群的捕食，也会挺身而出解救被围困的其他个体，表现出一种“优势个体”的风范，引领其他个体一起冲上来驱赶狮群，解救同类。这就是一种典型的“优势个体”引领其他个体达到相同的生存策略的实例。

种群层面的生存策略是对物种个体生存策略的协同整合。生存策略是从物种个体传递到种群的，实现途径主要有四种：一是生殖遗传。二是传导，包括养育、传授、模仿等。三是学习和尝试。四是争斗传递方式。

一、生殖遗传过程可以传递生存策略

生殖遗传是通过生育后代，后代能够自动获得亲本的遗传基因，同时发育出与亲本类似的器官组织，通过器官组织和生理功能的协同作用就会产生生存策略。

对于动物类而言，本能是动物生殖时通过基因遗传获得的一种应激反应。本能是动物在自然环境中，经历了几千年乃至上亿年的进化而形成的。本能是可以借助遗传物质进行世代遗传传递的。比如幼鸽从没见过鹰，但当它们头一次见到鹰也会表现出恐惧等，这是一种本能应激反应。

这些本能都是能够世代传递的，记录本能传递信息的就是遗传基因，在基因中已经“预装”了信息的“控制流程”，只是在个体成长到某个阶段，基因才会转录翻译合成蛋白质来控制特定本能的出现。

多个本能的协同整合就会形成一种生存策略。

本能的范围很广泛。动物个体发育到一定程度能自己索取食物，一旦遇到敌害有某种自卫能力，个体成熟后能做出求偶、交配、生殖等活动，诸如此类。本能也经常表现为一系列按顺序的连锁行为，如一只单独生活的黄蜂先做一个巢，然后捕捉一只蜘蛛或毛虫，用刺使它麻痹后拖到巢内，再产上一个卵，并封上巢口，此后它就再也不顾及此事了；卵孵化出来的幼虫以猎物为食；当发育长大后，它自己挖洞爬出巢外。这只黄蜂到时候也像它的上一代那样重复原来的一连串生殖步骤，而这些步骤谁也没有教它，它也从未见到过。本能行为往往在个体发育到一定阶段就会自然地产生，如求偶、交配、做巢、迁徙等都是如此。而且本能行为的产物，如蜘蛛的网、有些鸟类的巢，其精巧程度，令人类中的能工巧匠也惊叹不已。

本能在昆虫中是最主要的、利用率最高的行为类型了。鱼类、两栖类、爬行类和鸟类的大量活动也都属于这一类。

本能的建立需要生物依靠自身的器官组织积累完成，如动物对天敌的识别，对食物的识别等；还有像动物会被植物或动物的刺所伤，那么再一次见到这类植物或动物时就明显地知道刺痛感，若被火烧后有烧灼感，那么下次再遇到火就会有避开等行为。

二、通过传导方式传递生存策略

养育、传授、模仿等都是信息传导方式。其中模仿是指通过行为或体液信息素等达到诱导种群内其他个体产生跟随的行为，从而让其他个体也获得相应的生存策略。比如，年长的猴子会用石块敲开坚果食用，年轻的猴子为了取食也会进行模仿行为。

每种生物由于自身的器官组织和所处的生态位环境不同，能够形成种群所独具的本领。本领就是通过后天的信息传导方式获取的生存策略，可以通过父母亲本或种群内其他成员的养育、传授便可获得。捕食行为就是一种后天获得的本领，如小鸡模仿母鸡用爪扒地索食；幼年黑猩猩学成年黑猩猩从树洞取食白蚁；母猫为了教小猫学习捕食老鼠，会捕捉一只活的小老鼠给小猫把玩，让它从实践中学习真本领。

三、学习和尝试是独立获取生存策略的过程

动物的学习能力取决于两个方面的因素：身体的器官构造和神经系统的发育水平。神经系统发育水平越高，学习能力也就越强。

动物的学习能力是随着它们的智慧能力进化（主要是脑的进步）而发展的，高等灵长类的学习能力比一般动物都高。据金布尔（J.W.Kimball）报道，相当一部分低等动物都有学习走迷宫的能力，但与黑猩猩相比，它们的水平则要拙劣得多。一些蚂蚁通过迷宫至少要做28次试验，而黑猩猩则大多（86%）首次即可

告成。

推理是动物后天通过智慧能力获得生存策略的方式。动物的推理是建立在经验的基础上，通过判断来完成的。记性的多次强化作用过程就会上升为经验。所谓判断，是神经系统智慧对外界具体事物信息（如声音、气味、形象等）的识别活动。推理则是对以上相关信息判断的分析和综合。例如，黑猩猩能叠起木箱索取高处的香蕉，能用细长的草棍去钓食穴中的白蚁，这似乎可以说明，它们已具有能从某个经验的判断中推理出一种新判断的能力，尽管这种行为在它们的行为总量中只占极小的比例。

尝试也是一种主动获取生存策略的方式。多次尝试是解决问题最好的办法，例如，胡兀鹫喜爱的食物是动物的骨头，但是把一具大动物的骨骼打碎却不是一件容易做到的事。不过，它们有自己的窍门。它们并不是随意将骨头向下扔，而是把它们砸在经过选择的光秃秃的岩石上，也有砸不准的时候，几块小碎骨砸飞了出来，尖锐的碎骨它们也不怕，照样咽下去。因为它们的胃里会分泌出强酸，这样就会很快把碎骨溶化掉了。而且胡兀鹫还特别喜欢吃骨髓，可要吃到骨髓就必须先把大骨头砸开，这就需要坚持不懈地尝试。

动物通过观察动作或听取声音，在记忆的基础上将这些行为成分结合到自己相应的行为中去，从而获得过去所不会的行为能力或使自己的行为发生改变，行为表现之后，依其效果的好坏决定以后发生类似行为的频率。鹦鹉、鸣禽等鸟类的学唱就是属于听觉模仿学习。例如，把鸣禽雏鸟从小与成鸟隔离喂养，它们长大后只能鸣叫出最基本的曲调，表现出简单的发声模式；如果让雏鸟和亲鸟一起生活，雏鸟长大后就能表现出完整的鸣唱，发出优美的唱调。

四、争斗也是传递生存策略的一种主要途径

争斗在动物界是非常普遍的现象。争斗过程一般会产生阶层、等级或领袖，或者能够赢得其他个体的仰慕、赞同、信任、跟随等。这样，物种个体的生存策略就可以通过争斗这种方式，在其他个体成员中扩散和传递，逐步上升为种群的生存策略。此外，一个大的种群会形成很多小核心成员团队，每个小分队会跟随信任的领袖来实现种群生存策略，这是一种分散尝试的模式，有些小分队可能失败了，甚至导致小群体死亡或灭绝，另外一些小队可能成功了，从而生存了下来，成为种群的基本力量，生存下来的物种个体的生存策略就上升为种群的生存策略。还有，物种个体的生存策略只能让部分成员追随，但是随着生态位的变化，逼迫其他成员也来追随，最终会上升成为种群的生存策略。再有，对于一些种群并没有很强烈的争斗过程，那就阶段性地尝试各种不同的物种个体生存策略，最终由群体来选择对群体有利的生存策略，上升为种群的生存策略。

总之，争斗不仅是着眼于眼前实际的利益，更会影响到种群的发展和走向。

第十章　种群的生存策略稳态和变化

种群的生存策略是指生态位变化引起种群的变化，种群的变化又会形成对生态位的新的适应，始终保持种群对生态位的适应性稳态。种群层面的生存策略是对物种个体生存策略的协同整合。生态位的变化包括生态位遏制、生态位释放、生态位分化、生态位扩展、生态位隔离等，而种群对生态位的变化也会引起自身变化，如种群数量、种内争斗、年龄结构和种群秩序等的变化。生态位的遏制作用促使种群只能保持一定的数量和密度，生态位释放会让种群通过大量繁殖快速占领空出的生态位空间。

种群生存策略是种群对生态位环境的一种适应机制。种群生存策略的形成过程是一种负反馈调节过程。不管是植物类还是动物类，生存策略正是生命智慧的体现。

同一生态位下不同种群间的关系最主要是相互利用的关系，这是对双方都有利的生存策略。如前面章节提到的种群间的互惠、共生、共栖、寄生、类寄生、竞争、协同、抗生、互抗、中性、集群等都是典型的利用关系。

第一节　动物的种群生存策略

动物的种群生存策略机制主要体现在以下几个方面：1. 通过结群方式获取食物。2. 通过结群方式保持生命机能，抵制酷热、严寒、干燥、潮湿等，动物有很多的生活习性来抵制不利自然环境的侵袭，从而维持体温和机能活力的稳定，如穴居、洞居、夏眠、冬眠、迁飞等。3. 通过结群方式生殖和养育。4. 通过结群方式安全防护（防捕食）。5. 种内争斗。6. 种间关系。

一、通过结群方式获取食物

在生物的种群生存策略中，获取食物成为种群能够占有生态位的决定因素。任何生物体首先要考虑的就是获取食物。这里的食物也包括水。所以，食物成为遏制生物种群和个体的最主要因素，种群的数量和密度、个体的生存都是受食物源所遏制的。动物获取食物就是最大限度地利用生态位空间中能够利用的一切资源。

对于食物的需求，宏观角度看，是物种个体表现出的强烈进食欲望，从微观角度看，其实是组织、器官和细胞对营养成分的强烈需求，通过神经体液信号转导的应激响应过程，让物种个体表现出对食物的强烈欲望。物种个体不仅是一个生命体，还承载着几亿个微小的生命体——细胞。

食草动物对食物的需求会完全掩盖来自捕食者的威胁，道理很简单，动物要天天吃食，一顿不吃饿得慌，没有了食物就无从谈及生命，更无从谈及养育后代。所以，食物的获取是每天的头等大事。当然获取食物可能会付出代价，那就是有可能会被捕食者捕获。但是食草动物有自己的选择，权衡利弊取其轻，与其饿死，还不如小心地出去找食物更妥当，更何况被捕食的也不一定会是自己，即使遭受伏击也可以逃跑，食草动物就是靠这种“侥幸”生活着，绝对不可能为了防止被捕食而将自己饿死。而且越是年长，这种“侥幸”心越强，一直当自己是幸运儿，因为从来没有被捕食过，而是一直以来观看着同伴被捕食。直到有一天自己被捕食了，同样地，自己的同伴也是看着自己被食肉动物所分食，它们同样庆幸自己是幸运儿。这就是我们一直在强调，食草动物只会对食物关心，完全掩盖来自捕食者的威胁。所以，生态位遏制作用中最主要的因素仍然是食物，其次才可能是来自捕食者的威胁。

为了获取食物，动物种群有自己特有的行为和生活习性。

1. 社群方式获取食物

社群（结群）方式是种内互利关系下形成的一种生存策略。社群的主要特点表现在：（1）群体内的分工水平，蚂蚁、狮子、蜜蜂是有等级分工的；鸟、鱼类是平等地集群生活。（2）增强了捕食、防御、生育的能力。（3）群体需要内部表达、沟通方式，越高等动物沟通能力越强，表达信息内容越多。要注意的是，结群的群体数量和规模依不同物种而不同，雌雄组成的家庭两两也可成群，三五也可成群，成千上万也可成群。

社群行为最大的益处主要体现在以下两个方面：获取食物和安全防护（防捕食）。这里主要介绍获取食物（捕食）方面的优势特点。

（1）提高猎食成功率

以鱼为食的鹈鹕、秋沙鸭和蛇鹈，会在水面上形成捕食圈，逐渐逼使鱼儿到浅水湾，然后再进行捕食。虎鲸也常常实行合作狩猎，它们把猎物海豚包围在中间，然后发起攻击，这种有效的捕食方法，单独一只虎鲸是根本无法进行的。

狮子在捕食瞪羚、斑马和角马时，两只以上共同捕食的成功率可提高1倍。

（2）便于捕捉较大的猎物

在大型食肉类动物中有一个引人注目的现象，即群居性种类所捕食的猎物往往比较大，例如，狮子、斑鬣狗、野狗和狼是集体捕食的种类，它们所捕杀的猎物常常可能比它们的身体大几倍；而独居性的猫、狗，通常只能猎取比它们自身小的猎物。

（3）有利于捕食者在与其他捕食者的竞争中取胜

生活在群体中能使捕食者更好地与其他捕食者进行竞争。例如，狮子和鬣狗常为一只自然死亡或被猎杀的兽尸而发生争斗。在这种争斗中，单独一只鬣狗决不是一只狮子的对手，但一群鬣狗就能够把一只狮子从兽尸处赶跑；另一方面，一群狮子又能把一群鬣狗赶跑。

（4）通过通信行为猎取食物

群体生活具有交换食物信息的作用，一些已经找到丰富食物的个体，第二次会直接飞到那个地方继续觅食，而那些还没有找到食物的成员就会被一齐引导到同一地方。如许多椋鸟、织巢鸟、鹭类和海鸟都属于这类动物。

2. 迁移行为

觅食行为是动物最常见和最基本的行为。迁移行为是动物为了寻找可以利用的食物资源而采取的一种积极的行为。动物能够在觅食过程中，以最小的能量消耗和最小的风险得到最丰盛的食物，这种行为即是最合适的觅食行为，通常包括选择最适合的食谱、最有利的生态小区域或最好的食物处理方式。许多鸟类、鱼类、某些哺乳动物及昆虫等的迁移是为了躲避不良的环境条件，寻找更好的觅食地。如飞蝗、旅鼠在食物缺乏而种群密度特别高的年份，就会大规模向外迁出。动物为了延续后代，往往选择能够适应环境的生殖策略，如许多蚜虫营兼性孤雌生殖，在春夏季，它们营无性繁殖，连续数代产生的全是雌虫，这是回避进行减数分裂消耗能量的对策；而秋季不良气候来临时，就产生有性世代，通过两性个体的交配、产卵，以度过不良气候的冬季。

很多动物的迁移都表现出年周期现象。哺乳动物类的迁移，如生活在东非的角马和生活在北方的各种鹿类，特别是驯鹿和麋鹿；海洋类的大型鲸类等。鸟类的迁移呈现多样性。爬行类动物的迁移，如很多蛇类、蜥蜴类，还有各种海龟等。两栖动物类的迁移，如豹蛙、各种蟾蜍等。鱼类的迁移更是普遍，如鲑鱼类的溯河性迁移。淡水鱼类向海洋的繁殖迁移最著名的例子是鳗鲡属的鱼类。还有在淡水中迁移的鱼类，如白鲈、鲐鱼、斑狗鱼。在海洋中迁移的鱼类，如大西洋鲱、大西洋鳕和鲽等。昆虫的迁移，如瓢虫、卷叶蛾、蝗虫等。

3. 运动行为

运动行为是动物为了寻找可以利用的食物资源而采取的一种积极的行为。

最简单的运动类型是直动性，它是对生态位因子激发作用所产生的一种基本运动应激反应。例如，一个在黑暗中完全不动的昆虫，当受到微弱的光激发时便开始微动或开始准备活动，当光强度逐渐增加并达到一定阈值时，昆虫便活跃了起来，光强度进一步增加，昆虫的活动性也随之增加，但当光强度达到上限阈值时，昆虫的活动便停止。这就是说，在光强度的上限阈值和下限阈值之间，昆虫的反应强度和光强度之间呈一种直接的线性关系。

趋性是动物对自然环境生态位因素激发作用所引起的最简单的定向运动。趋性是接近或离开一个激发源的定向运动。例如，有趋湿性、趋光性、趋地性、趋触性、趋暗性、趋风性（指气流）、趋流性（指水流）、趋化性、趋热性等类。

另外，就是调转运动性，其特点是随着激发作用强度的变化，动物随机转向的频率也发生变化。例如，昆虫可以沿着一种物质气味梯度找到食物。当气味强度保持不变或逐渐增加时，动物的运动就是直线的，但当激发强度减弱时，动物就会随机调转方向，这种随机运动可保证动物能找到食物源。如涡虫是一种具有负趋光性的动物，它在强光下增加调转频次，在弱光下减少调转频次就可保证它最终进入弱光区或黑暗区。

二、通过结群方式保持生命机能

很多动物通过多个个体或以家庭为单位进行穴居的方式来保持生命机能。还有一类是采取群体聚集来保持生命机能，比如，南极帝企鹅在冬季暴风雪的环境中就集聚在一起，身体互相依靠来适应寒冷，节约自身能量，这就是典型的群体“抱团取暖”的种群生存策略。

三、通过结群方式生殖和养育

动物种群如果采取结群方式生存，也会以结群方式进行生殖和养育，实现种群的生殖和养育的同步化，最主要是为了能够跟随种群的生活习性和迁移等，以最大限度地保障幼崽的成长和发育。例如，候鸟类都是以结群方式生殖和养育后代的。

四、通过结群方式安全防护（防捕食）

安全防护是指能够抵制来自其他动物的伤害。这是动物保护自己免受捕食的生存策略机制，也是经过世代传递固化形成的生活习性和本能反应。

安全防护更多地体现在最大限度适应生态位环境。安全防护（防捕食）对于大多数动物而言都是排序最低的一种需求，大多数动物的生存策略需求排序为获取食物、保持生命机能、生殖和养育，最后才会是安全防护（防捕食）。只有动物在前面三个生存策略完全得到满足后，才会考虑安全防护（防捕食）。所以，在其他书籍中过度强调了安全防护（防捕食）作用，这是需要进行纠正的。

社群（结群）方式是种内互利关系下形成的一种生存策略。结群（社群）在安全防护方面的优势特点有以下几个。

1. 不容易被捕食者发现

一般来说，在同一动物群中，不同的个体被猎食的机会是不相等的。在具有一定数量的动物群中，特别容易受到攻击的个体常常躲在其他个体的后面而不易被捕食者发现。角马的幼马总是被母马引导到角马群的另一面去，以远离斑鬣狗的攻击，当斑鬣狗未发现角马群中有可猎食的幼马时，它们是不会轻易冒险攻击成年角马的。

2. 有助于及早发现捕食者

大多数哺乳动物是靠逃跑，而不是靠隐蔽来获得安全的。因此，及早发现捕食者意味着能够脱险。组成群体的个体越多，捕食者被及早发现的可能性也就越大，当一个个体发现捕食者时，其他个体都能获益。

3. 迷惑捕食者

比如黑斑羚在受到惊扰时，常常突然向各个方向奔跑，这种突发动作常常使捕食者感到不知所措，迷惘不前，从而丧失了捕食良机。

4. 可以起到共同警戒的作用

一个群体有众多的感觉器官，更快、更易发觉捕食者的到来。对于社群群体，由于分工的不同，如年长的雄性岩羚进行专心警戒，其他个体则能从事其他活动。许多动物种类如鸟类、鱼类等，当敌害出现时迅速成群逃离，这种混乱效应增加了捕食者集中精力对准某一个体的难度，从而增加了每个成员存活的可能性。

5. 社群生活还具有稀释效应

即对于任何一种捕食动物的攻击，猎物群越大，其中每一个个体被猎杀的概率也就越小。如鸵鸟、秋沙鸭等某些鸟类的奇异育雏行为，当两种雌鸟相遇时，每只雌鸟都试图偷取对方的幼鸟，让它加入自己的家庭。因为偷取到的幼鸟能够扩大家庭当中幼鸟的群体数量，当幼鸟群体受到捕食动物攻击时，自己亲生幼鸟被猎杀的概率就会减小。

6. 社群生活的另一好处是能够共同防御敌害

如果被捕食动物并不比捕食动物小多少或具有专门的防御武器，那么有时靠几个或更多个个体联合行动，就可以抵挡或挫败捕食动物的进攻。蜜蜂和胡蜂依靠身体特殊的武器击退来敌。很多鸟类常常群起而攻之，把偷袭鸟蛋和雏鸟的捕食者赶跑，其中红嘴鸥和灰沙燕就常常采用这种战术来保卫它们的集体营巢区。

麝牛、野羊遇到捕食者时，成年个体会形成自卫圈，角朝着圈外的捕食者，圈中的幼体就能得到保护。分布在树枝上的刚孵出壳的蝶角蛉幼虫，一旦发觉有捕食性昆虫向它们接近时，就会聚集在一起，抬起头面向捕食者，同时迅速张开大颚，不断地做出剪攫动作。

五、种内关系是对生态位形成的适应性

种群内部的争斗或协作因物种不同激烈程度也不尽相同，但是长期的种内争斗或互相协作会使物种内形成一定的规则，规则的共同遵守和执行就会达到秩序。

动物界的不同物种种群内的规则完全不同，但规则建立的基础有所类似，那就是种群内个体相互间的互利关系。互利应该说是秩序的最核心支柱，只有互利才能形成个体间的信任，种群内才能够达到一种特定的秩序。

种内争斗，主要是对于食物、领地、地位和繁殖权的争夺。物种种群是多个物种个体的集合，秩序的形成就需要争斗来解决，解决的途径就是利用自身的长处，一般都是利用最常用的且最有利的器官组织，如鸟类如果是长喙一般是用喙来互啄，这是它们进食的器官也是最有力的工具。如果是鹰类，其喙较短且内弯，不利于争斗，于是就用到了爪，鹰爪是捕食最强有力的器官组织，所以在争斗中也是最有力的工具。

动物的争斗是生活中最主要的种内关系，幼崽玩闹也是一种争斗，成员间的争斗绝大部分只是为了争斗，并不是为了某种目的才进行争斗。通过争斗过程一方面增加自身的力量和灵巧性，另一方面为了发泄力量，特别是在发情期的雄性动物特别好斗就是在发泄性激素所激发的力量。只有部分争斗是为了特定的目的才进行的，如优先进食、占有领地、种群内统治地位和交配繁殖权等。所有的争斗都是力量的碰撞，几乎不会以生死来定输赢，争斗多是点到为止，至少保护自己不会受伤。而对于雌性动物来说，一般也愿意和获胜的雄性进行交配，主要原因是在自我保护，这是对自己有利的一种生存策略，和获胜者交配，这样就只和一个动物交配，还能受到获胜者的保护。假如随意进行交配，必然会有其他雄性也强行要交配，即便雌性已经怀孕，这会让雌性受到很大滋扰，所以和获胜者交配会减少这些滋扰，因为失败者都会暂时远离而去。现代生物学家都认为是为了达到一定目的，如获得优先进食、占有领地、种群内统治地位和交配繁殖权等，雄性才会进行种内争斗，看似合理，实际上是颠倒了因果。种内争斗是自从物种选择了种群的生存方式起就一直存在的，这是源于种群生活在一起，必然会有各种所谓的“不公平”现象，必然会产生各种纠纷，而解决纠纷的唯一途径就是争斗，利用物种最有利的器官组织来进行争斗，这是一种物种进化的必然结果。当然，争斗过程会出现意外情况，如产生受伤或死亡，这只是个别情况，我们要正视这一问题。如果说每次物种个体间争斗一定要出现生死决斗，不是你死就是我亡，整个种群都是如此进行，这种争斗才是一种生存斗争方式，目前没有发现任何生物种群采取这种生存斗争方式，这种斗争方式很容易导致物种个体数量减少，直至种群的灭绝。所以，生存斗争理论在动物界是言过其实，是一种假象。

种内协作同样也会形成社群秩序。社群的稳定秩序就在于规则的执行程度，如果种内的成员都能够遵守，那么这种社群就能够保持相对的稳定，像蚂蚁、蜜蜂等；但如果规则只是在某些时期被遵守，那么这个社群也只能在这个时期保持相对的稳定，在其他时期就会混乱和无序，如老虎等动物只在交配期间聚集。

六、种群间的关系也是对生态位形成的适应性

同一生态位下的不同种群间的关系最主要是相互利用的关系，这是对双方都有利的生存策略。如本书前面提到的互惠、共生、共栖、寄生、类寄生、竞争或争斗、协同、抗生、互抗、中性、集群等。

第二节　植物的种群生存策略

植物种群类绝大多数是以结群的方式生活在一起，三五成群，成千上万也是群，零散的植物很难存活。

对于植物而言，由于生态位因子是直接传导到个体的，所以物种个体生存策略的简单组合就构成了种群的生存策略，植物更多的生存策略机制还是体现在个体层面上。

但是，植物种群层面的生存策略也不容忽视，由于植物可以通过各种媒介进行信息交流，所以能够实现一种“结群”的生存方式。其中最主要的信息交流方式就是通过两性生殖过程中的花粉传播，花粉传播不仅可以实现种群内的基因交流，还可以实现信息交流的作用。

植物的另外一种更直接的通信传递方式是依靠激素信息。前面提到许多植物在受到伤害时，会释放出一种挥发性的茉莉酮酸，这是一种“体味”信号。

另外一种信息交流传递方式是通过根部对水分和营养物质流动的感知作用。特别是对于乔木类植物最明显，其株间距是与根部土壤养分密切相关的，一棵植株根系所能覆盖的范围就是自己的领地，其他同类植株就需要避开生长。其他植株如果在争夺相同的养分就说明同种类植株与自身相邻而生，这也是一种种内争斗。

对于植物种群来讲，生存策略机制主要体现在以下几个方面：1. 获取光和养分，包括阳光、二氧化碳、氧气、土壤中养分等。2. 保持生命机能，抵制酷热、严寒、干燥、潮湿等。3. 生殖和发育。4. 安全防护。5. 种群间关系。

这5个方面的优先等级是物种依照所处的生态位环境和自身的器官组织等进行排序，不同的生物排序可能不同，同一种生物在不同季节、不同时间段排列顺序也不会相同。

第三节　生态位、应激响应过程和生存策略间的关系

物种个体的生存策略是指一个或多个应激响应过程所产生的应激反应协同起作用，从而实现自身的器官组织和生理功能对一个或多个生态位因子的综合利用或抵制。这里要强调的是，这个协同过程，可能发生在任一过程或阶段，信号输入的协同作用，信号转导物质的交联或协同，应激响应通路的交互和联通，信号输出器官组织的协同，还有应激反应的协同等，从个体角度来看，主要的外在表现是应激反应的协同作用。物种个体的生存策略大多是负反馈调节方式。直观地说，物种个体生存策略就是要利用自身的器官组织和生理功能实现利用有利的生态位因子，而抵制不利的生态位因子，综合为趋利避害（如图10–1）。

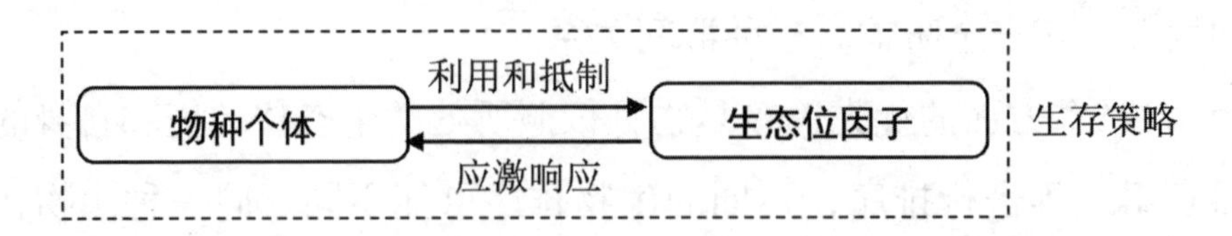

图10–1　物种个体和生态位因子间的关系示意图

植物的趋利就是对生态位空间的最大利用，如利用水资源、土壤成分、阳光等。植物的避害表现在对水涝、低温、高温、盐

碱等不利生态位因子（胁迫因素）进行抵制。

在趋利方面，动物能够“动”，本身就是对环境的最直接的、最有效的利用，“动”本身就代表其在时间和空间上的变化，这样动物能够获得更充足的食物资源。动物的避害如针对寒冷等不利的生态位因子可以用皮毛和皮下脂肪等进行抵制。

不管是植物类还是动物类，生存策略正是生命智慧的体现。

物种个体生存策略的实施边界就在于生态位因子，正是由于生态位因子的遏制作用，物种个体生存策略所能达到的范围是可有效利用或抵制生态位因子，而不会无限扩张。物种个体对自身的组织、器官、系统和细胞所产生的趋利最主要的特点就是扬长护短。扬长护短就是要发挥自身的长处，并最大限度地进行发挥利用，对于自身的不足和短处要尽量掩藏或保护，这就是一种智慧选择。物种个体对于自身的“缺点”和“弱点”（或者说不足和短处）会非常了然于胸，具有完全的自知之明。

种群的生存策略是指生态位变化引起种群的变化，种群的变化又会形成对生态位的新的适应，始终保持种群对生态位的适应性稳态。种群层面的生存策略是对物种个体生存策略的协同整合。生态位的变化包括生态位遏制、生态位释放、生态位分化、生态位扩展、生态位隔离等，而种群对生态位的变化也会引起自身变化，如种群数量、种内争斗、年龄结构和种群秩序等的变化。生态位的遏制作用促使种群只能保持一定的种群数量和密度，生态位释放会让种群通过大量繁殖快速占领空出的生态位空间。

种群生存策略的实施边界就在于生态位，正是由于生态位的遏制作用，将种群生存策略限制在能够有效适应的特定范围内，而不会无限扩张。

图10–2表达出了生态位、生态位因子、种群和物种个体间的相互关系和影响作用。对于种群而言，需要面对的是整个生态位空间，形成对生态位的适应性；当生态位发生变化（必然是部分生态位因子发生了变化），这种变化会直接影响到种群，种群也能够进行重新适应；当然种群的变化（必然是物种个体发生了变化）也会影响到生态位的变化。生态位因子的变化（必然是生态位发生了变化）会激发物种个体产生应激响应过程；物种个体会在应激响应过程中，产生应激反应，从而形成对生态位因子的利用或抵制作用；物种个体的这种应激响应过程也会向种群进行传递扩散。

综合起来，物种个体的生存策略会通过传递策略向种群中其他个体进行扩散，直到能够上升为种群的生存策略。当然种群的生存策略也会限制和促进个体生存策略的实施。

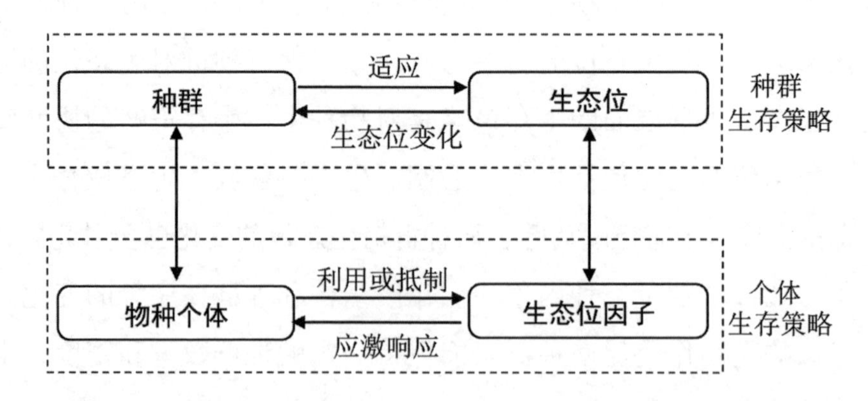

图10–2　生态位、生态位因子、种群和物种个体间的关系示意图

举个例子来说明一下，南极帝企鹅在冬季环境中，生态位中最主要的生态位因子是食物、寒冷和生育。对于帝企鹅个体来说，应对生态位因子产生的应激响应过程，最后形成的应激反应就是雌、雄帝企鹅组成一个小家庭，雌、雄个体轮流孵卵和觅食，这是为了抵制生态位因子中生育和食物遇到很大困难的不利因素，从而形成物种个体的生存策略。当寒冷季节来临，暴风雪飘然而至，对于个体而言还需要应对寒冷，虽然个体有较厚的皮毛和皮下脂肪储备来抵御寒冷，但是这还不足以使其熬过整个冬天，这就会上升到种群层面，也是所有个体都做出的最有利的选择，那就是集聚在一起，身体互相依靠来抵制寒冷，节约自身能量，这就是典型的“抱团取暖”式种群生存策略。可见，物种个体的生存策略最终也会经过传递过程形成种群的生存策略。这里再细说一下，如帝企鹅个体轮流孵卵和觅食，这种物种个体生存策略上升到种群层面看，是雌、雄群体的轮流，也就是所有雌性在孵卵时，所有雄性出去觅食，然后轮换成所有雄性来孵卵，所有雌性再出去觅食，而不是杂乱地组合，这就形成一种种群生存策略。

还有，很多情况下种群生存策略和物种个体生存策略是相同的。例如，黑熊的冬眠等。

生存策略经过长期或多次地重复，最后会形成一种固定的生存生活模式，这就会成为生活习性。

第五篇

自然适应进化研究

自然适应进化假说融合了生态位理论、广义遗传中心法则和基因相对论、应激响应理论和生存策略理论等基础理论知识，每个理论都是一块基石，都可为自然适应进化理论做铺垫。

物种个体的进化过程也是一种应激响应过程，是通过不断尝试和负反馈相结合来形成稳态的应激响应通路的过程，直到能够让自身的器官组织和生理功能形成应激反应，实现应激反应对生态位因子的有效利用或抵制作用。在进化过程中，所有构成应激响应的要素都可能会发生变化，包括感受器官、应激响应物质、遗传物质、应激响应通路、效应器官及其产生的应激反应等。

进化过程是物种个体生存策略的获得或更新过程。在生存策略形成过程中，细胞内信号传导过程会使遗传物质逆转录，使蛋白质传递到遗传物质中形成遗传物质的积累，获得新的基因；再通过两性生殖过程将新基因遗传传递给后代，让后代直接产生新性状从而对生态位因子形成利用或抵制能力，后代也就直接获得了新的生存策略。

任何器官组织的进化都不是一蹴而就的，都是一个缓慢的进化过程，同样，种群中每个个体也并不是同步同时一次性地获取了新的器官组织或者说新的基因，总会存在一个时间延续或世代更替的过程。

物种个体的进化过程是在上一代性状精准遗传基础之上，缓慢连续不断地进行增殖、修补的性状积累过程，决不是推翻重来那种剧烈的、跳跃式的进化过程。所以物种个体的进化过程，只是在上一代的性状基础上的有限进化。性状积累过程同时必然伴随着遗传物质的积累过程（或称为遗传物质逆转录过程）。这就形成了遗传物质积累和性状积累的滚动式前进、螺旋式上升的生物进化过程。物种进化的边界在于自身器官组织本身的局限性和特殊性，只能在已有器官组织基础上进行进化，而不会发生飞跃。物种进化的激发和遏制作用来自生态位因子，正是由于生态位因子的边界存在，物种进化只能够最大限度地有效利用或抵制生态位因子，而不能够超越生态位因子的有效范围。简单地总结为，进化来源于自然，但不能超越自然。

种群的进化过程可以归纳为：由于物种个体差异的存在，当生态位因子发生变化后，优势个体会首先产生应激响应过程，形成个体的生存策略；优势个体会将这一生存策略通过传递途径向整个种群进行传递和扩散，诱导其他个体也产生应激响应过程，获得相同的生存策略；这部分个体随之会产生新的器官组织和生理功能；随着时间推移和规模扩大，个体的生存策略最终会上升为种群的生存策略；这部分个体会通过逆转录过程获得新基因，并将新基因融入种群基因库，再通过生殖遗传过程将新基因传递给后代；后代将直接产生新的器官组织和生理功能，实现对生态位因子的利用或抵制作用，也就直接获得了生存策略。最终达到种群对生态位的适应性稳态。

简而言之，物种自然适应进化论重在“生存策略传递”和“获得性遗传”这两个核心观点。

在正常的生态位条件下，种群内由于生态位遏制作用导致进化过程非常缓慢，其中自然环境的变化过程具有一定的规律性、连续性，这也为种群适应这种变化过程提供了充足的时间。种群会连续缓慢地产生生存策略过程，促使种群向适应生态位环境的方向进化。这种进化过程在生物学中称为小进化。

如果发生重大的自然环境变化或地质变化，甚至是生态灾难，由于每种生物所能够占有的生态位发生逆转，一些物种不能适应这种变化的生存环境，不管其遭受灭绝，还是逃离，都会释放出大量的生态位空间，会有更多的生物加速进行生态位扩展。这时，物种的进化速度突然加速，大量繁殖在这种情况下会出现大量存活的可能，每种生物都想用最快的速度占领空余出来的生态位，最终达到新的生态系统平衡，生物间形成新的生态位遏制作用。这就是大进化过程。

这就是自然适应进化与古典进化学说关于大进化和小进化问题的不同观点，自然适应进化更强调物种间的生态位遏制作用，保持生态系统的动态平衡。

下面的章节将分别研究植物和动物类的自然适应进化原理。

而微生物包括无细胞结构不能够独立生活的病毒、亚病毒因子（卫星病毒、卫星 RNA 和朊病毒）；具有原核细胞结构的细菌、古菌，以及具有真核细胞结构的真菌（酵母、霉菌等）、单细胞藻类、原生动物等。对于微生物，由于其遗传物质多样化，有的微生物以 RNA 作为遗传物质，根本就没有 DNA；有的微生物是以 DNA 作为遗传物质；有的微生物以蛋白质作为遗传物质。而病毒不具有细胞结构，一些简单的病毒仅由核酸（DNA 或 RNA）和蛋白质外壳组成。微生物的应激响应通路较短，更多的是利用宿主或其他生物的转导信号，从而促使自身结构产生应激反应，实现对生态位环境的利用或抵制。微生物的自然适应进化也是一种应激响应过程，必然与利用宿主和其他生物的转导信号有关，从而实现自然适应进化。微生物的自然适应进化原理与植物和动物类的自然适应进化原理相类似，可以参考使用，这里就不再详细叙述了。

第十一章　植物个体自然适应进化研究

第一节　植物应激响应回顾

前面章节中研究了植物应激响应过程。细胞的信号转导途径包括信号输入、信号转导、诱导输出三个主要步骤。信号输入是指细胞感受到某种外部生态位因子或激素信号的过程。信号转导途径的传导步骤是指一系列的细胞信号转导物质将接收到的信号输入放大并转换成可引起细胞代谢输出的化学形式。在应激响应的信号转导步骤中，最关键的联结点是信号转导物质，第二信使就是最关键的信号转导物质。在第一信使即激素（或生态位因子）的激发下，诱导第二信使的浓度显著增加。例如，通过外界生态位因子促使植物产生体液应激响应，激活了相应的激素分泌，当激素被细胞受体接受后，便将质膜上的受体活化，使膜内侧细胞质内的第二信使活化或浓度增加，进而激活某种特定的化学反应（如图11–1）。

植物的结构和功能是密切联系、高度统一的，结构和功能的密切联系发生在植物个体发育的每一个阶段，这就是功能协调性。

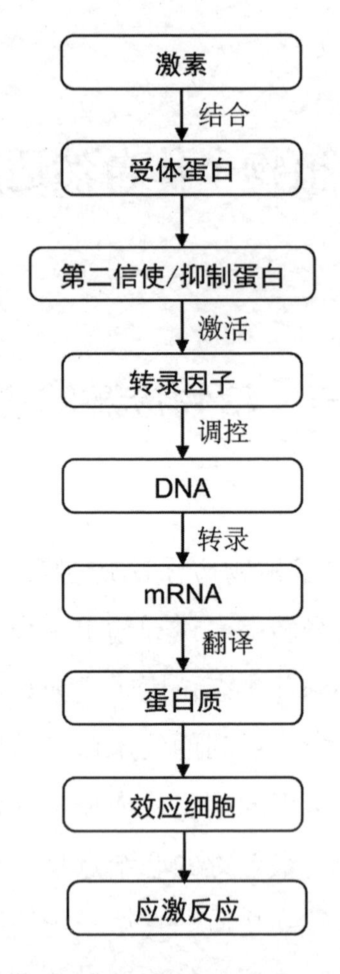

图11-1　植物体液应激响应的作用原理图

植物激素在一种特定的组织内合成，可以以极低的浓度在其他组织中发挥作用。植物的生长发育受六大类激素的调控，它们是生长素、赤霉素、细胞分裂素、乙烯、脱落酸和油菜素甾醇。除此之外，还有在抵抗病原菌和防御食草动物侵害中起重要作用的其他信号分子，包括耦合形式的茉莉酸、水杨酸和多肽系统素。最近的研究表明，独脚金内酯是一种可传送的信号分子，它调控侧芽的生长。其他类型分子，如类黄酮，既可以在细胞内也可以在细胞外作为信号转导物质发挥作用。

这些植物激素的合成都是基因绝对控制的结果，通过激活特定的基因就可以转录翻译合成相应的植物激素，对植物生长发育、器官组织、新陈代谢、生理活动等进行调控。特别是器官组织的出现，是受到特定基因的表达控制的，这是基因绝对控制的结果；没有特定基因的转录翻译就绝对不会出现新器官组织。

第二节　植物个体自然适应进化论

植物个体基因绝对论对进化过程的影响在于植物需要进化出完整的应激响应通路。植物在生态位因子的激发下，通过不断尝试和负反馈相结合来形成稳态的应激响应通路的过程，直到能够让自身的器官组织或生理功能形成应激反应，实现应激反应对生态位因子的有效利用或抵制作用。最初的应激响应过程是由蛋白质直接介导的信号转导过程，这是由于蛋白质具有构象转化快、响应速度快、信号转导比较容易等优点。植物进化过程是植物个体生存策略的获得或更新过程。在植物个体进化过程中，所有构成应激响应的要素都有可能会发生变化，包括感受器官、应激响应物质、遗传物质、应激响应通路、效应器官及其产生的应激反应等。植物进化过程中，细胞内信号转导过程会使遗传物质逆转录，使蛋白质传递到遗传物质RNA和DNA中形成遗传物质的积累获得新的基因。通过两性生殖过程将新基因遗传传递给后代，让后代直接产生新性状从而对生态位因子形成利用或抵制能力，后代也就直接获得了新的生存策略。

植物个体基因相对论的进化过程在于利用已有的应激响应通路就可实现进化过程。这一进化过程并不需要遗传物质的获得性，而是将现有的基因通过基因相对控制的策略机制，实现新的器官组织或新的生理功能。例如，信号转导途径的相互交叉与整合机制。最经典的例子如GA和ABA在调控种子萌发中的相互拮抗作用。拟南芥下胚轴细胞的伸长受光和赤霉素共同调节，可以看作是负的初级交叉调节机制的代表。这一例子中，光和GA调节共同的下游信号组分，两个密切相关的转录因子PIF3和PIF4，最终刺激下胚轴的伸长。PIF3/4的积累分别受GA的正调控和光的负调控。

黑暗诱导的下胚轴伸长是由于PIF3/4积累的结果。然而，在光下，红光光受体PHYB致使PIF3/4降解因而导致细胞延伸削弱表现为下胚轴缩短。在GA存在时，PIF3/4转录因子直接与 DELLA蛋白结合而失活。但是，过高的GA水平导致 DELLA蛋白的降解，并释放PIF3/4转录因子进而促进细胞伸长。植物的信号途径不是简单的线性转导过程而是多种信号途径间存在互相交叉和相互影响。

植物个体基因相对控制的进化过程是更广泛的进化过程，借助生存策略的反馈机制，在正常生理应激响应过程中就可以快速地实现进化过程。

下面着重研究基因获得的进化过程，这是基因绝对控制下的应激响应通路的获得过程（如图11–2）。

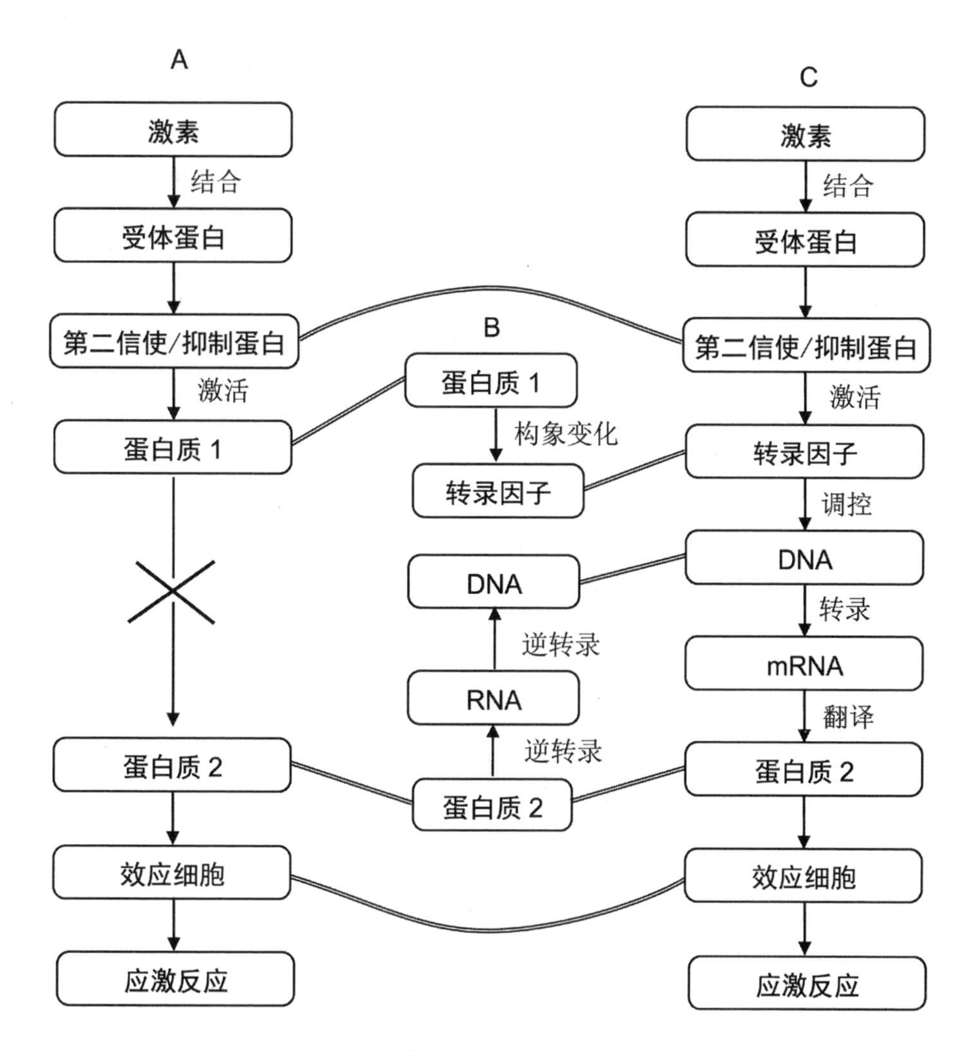

图11-2　植物个体自然适应进化过程示意图

在图11-2中，A表示物种个体自然适应进化过程中首先是形成蛋白质介导的应激响应通路；B表示蛋白质级联耦合激发遗传物质逆转录的进程，同时产生转录因子；C表示进化成功后能够通过新获得的DNA来介导信号转导过程，成为一种正常生理的应激响应过程。

在现代分子生物学研究中，并没有发现多少有价值的遗传物质逆转录过程，这是由于物种已经过了几千万年上亿年的进化过程，已经具有了很多的遗传基因，形成了很多稳定的应激响应通路。即使物种对新的生态位因子产生进化过程，但是遗传物质的逆转录过程是相当漫长的过程，目前现代的科学仪器是不可能观察到这一变化过程的。物种进化是一种非常漫长又谨小慎微的过程，生存策略形成需要一个长期的作用过程，只有这样才能保证遗传物质的相对稳定性。

对于图11-2中的B进化过程，我们提出一种蛋白质级联耦合逆转录假说，用下面的图例来示意说明（如图11-3）。

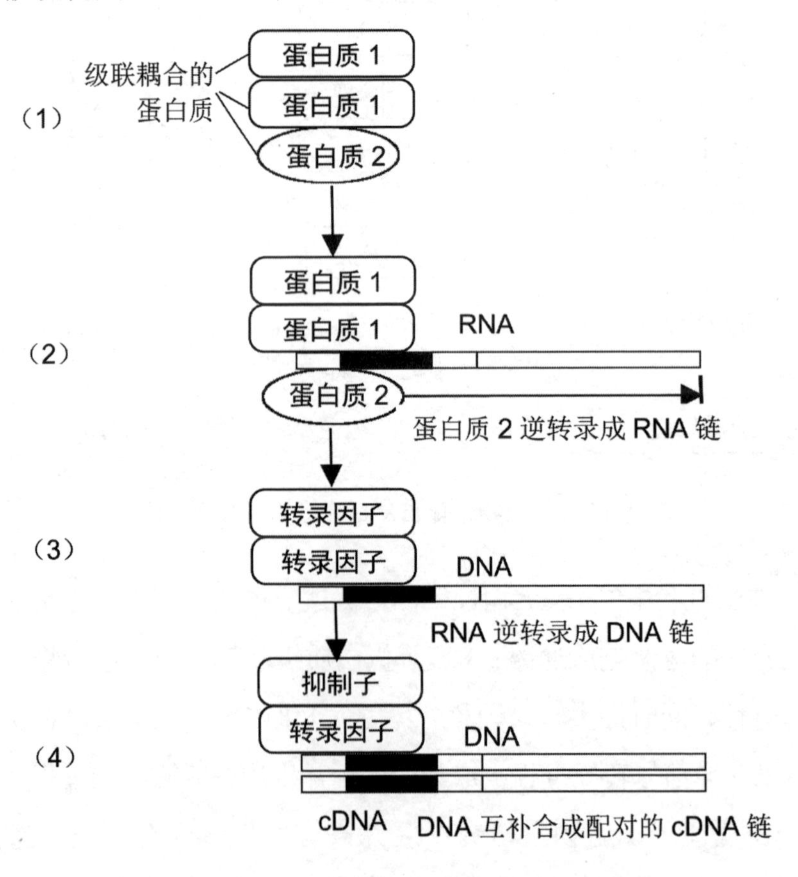

图11-3　蛋白质级联耦合逆转录假说示意图

在图11-3中蛋白质级联耦合逆转录假说为我们提出了一种全新的基因逆转录获得性过程，这一过程最有可能发生在生殖遗传中；我们知道，植物类的基因转录过程与动物类有所不同，动物类是转录因子可以直接调控DNA的一种作用过程，而植物类则是形成有活性的转录因子二聚体才能调控DNA的一种作用过程，如果找个例子来做比较，动物类的转录因子更像是电灯的开关，只要打开开关就可以亮灯；而植物类的转录因子更像是应急照明灯，只有把开关关闭，电灯熄灭后它才会亮起，更像是一种反作用过程。其中过程（1）表示在进化过程中，对生态位因子的应激响应会形成蛋白质—蛋白质的信号转导过程，由蛋白质介导应激响应过程。级联耦合的作用在于一个蛋白质会激活另一个蛋白质，它们通过底物能够特异性地激活。过程（2）蛋白质2作为活化的产物，通过逆转录酶的作用将蛋白质空间结构逆转录成相对应的RNA基因。同时蛋白质1和蛋白质2的级联耦合区也会逆转录成一段RNA，成为一个启动子区域，作为翻译蛋白质的起始区域，标识出只有蛋白质1与RNA的这个特定区域耦合，才能激发RNA转录生成相应的蛋白质2。在蛋白质2完全逆转录成为RNA后，蛋白质2在水解酶作用下水解形成大分子化合物。过程（3）RNA链还会进一步逆转录成DNA链，蛋白质1与RNA的启动子标识区域在DNA中仍然存在，同时蛋白质1—蛋白质1也会发生结构转变成为转录因子二聚体。只有这个转录因子二聚体与DNA的这个特定区域耦合，才会调控DNA的转录过程，形成mRNA。过程（4）以DNA为模板合成双链DNA，双链DNA整合到已有的染色体组中。其中一个转录因子脱离出第二信使/抵制蛋白后构象发生转变，形成抑制子抑制转录因子的活性。

通过蛋白质级联耦合逆转录假说，物种获得了新的基因，如果再次出现相同的应激响应过程时，就会通过转录因子的作用，调控DNA转录成为mRNA，通过mRNA的翻译过程，将蛋白质2激活，实现正常生理的应激响应过程。

第十二章　动物个体自然适应进化研究

第一节　动物应激响应回顾

一、体液应激响应回顾

为了更好地利用或抵制体内外生态位因子的变化，动物内分泌系统与神经系统配合，共同调节着机体的各种生理功能。内分泌系统中的特殊分化细胞内分泌腺将其产生的分泌物即激素释放到组织间液，然后通过体液运输至作用的器官或组织，发挥其调节的生理功能。

具有化学信号性质的激素可以作用于某些特定的靶细胞，靶细胞通过其特殊的受体与激素结合后启动一系列代谢活动来对激素的信息做出反应，这种反应可以表现为动物细胞开始分化、生理上发生某种变化或者产生某种行为等。动物激素是分泌到动物体内环境系统中的一种微量化学调节物质。在绝大多数情况下，激素进入循环系统，通过血液的运输到达全身各组织器官，但每种激素只能作用于各自特定的靶细胞、组织或器官。由于很微量的激素分子能对多种酶进行诱导或激活，因此，尽管人和动物体内激素的含量非常少，却能控制和调节很多靶细胞的代谢活动。

动物体液应激转导物质有很多种类，如各类激素、细胞因子、由细胞分泌的组织胺、一氧化氮（NO）、一氧化碳（CO）、各种生长因子等。根据它们能否溶于水或穿过靶细胞膜的脂质双分子层难易程度分为亲水性和亲脂性两类。其作用原理如图12-1。

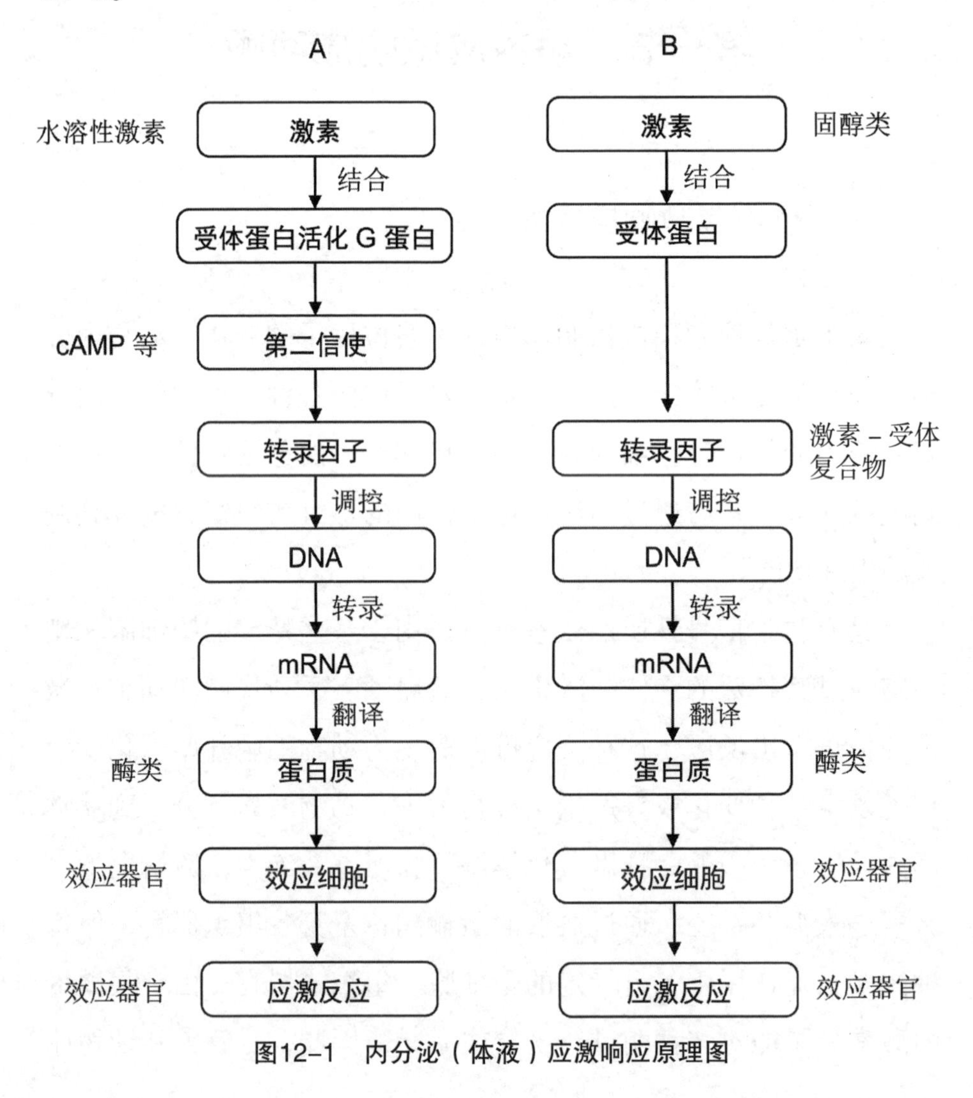

图12-1　内分泌（体液）应激响应原理图

图12-1中，A列是水溶性内分泌激素类的应激响应过程，B列是脂溶性激素类的应激响应过程。

动物类内分泌激素的合成是基因绝对控制的结果，通过激活特定的基因就可以转录翻译合成相应的动物激素。动物激素是分泌到动物体内环境系统中的一种微量化学调节物质。在绝大多数情况下，激素进入循环系统，通过血液的运输到达全身各组织器官，但每种激素只能作用于各自特定的靶细胞、组织或器官。由于很微量的激素分子能对多种酶进行诱导或激活，因此，尽管人和动物体内激素的含量非常少，却能控制和调节很多靶细胞的代谢活动。

同时内分泌激素介导的应激响应过程（包括脂溶性和水溶性激素等），也是基因绝对控制的结果，内分泌激素特异性激活了特定的应激响应通路，具有化学信号性质的激素可以作用于某些特定的靶细胞，靶细胞通过其特殊的受体与激素结合后启动一系列代谢活动来对激素的信息做出反应，这种反应可以表现为动物细胞开始分化、生理上发生某种变化或者产生某种行为等。特别是器官组织的出现，是受到特定基因的表达控制的，这是基因绝对控制的结果；没有特定基因的转录翻译就绝对不会出现新器官组织。

二、神经内分泌应激响应回顾

神经内分泌联合作用是动物类最主要的一种应激响应过程。最常见的神经内分泌应激响应过程就是有完整信号输入输出的过程，包括信号输入、神经系统、内分泌、信号诱导输出、应激反应等5个主要环节。

与前面体液应激过程相类似，有很多神经内分泌应激响应过程相当简单，并没有遗传物质的参与（如图12-2 A）。还有最重要的一种就是应激响应过程中有遗传物质的参与，促使细胞反应过程实现了DNA→RNA→蛋白质的转录翻译的诱导应答过程（如图12-2 B）。这两种情况在不同物种中出现的比例会有所不同。

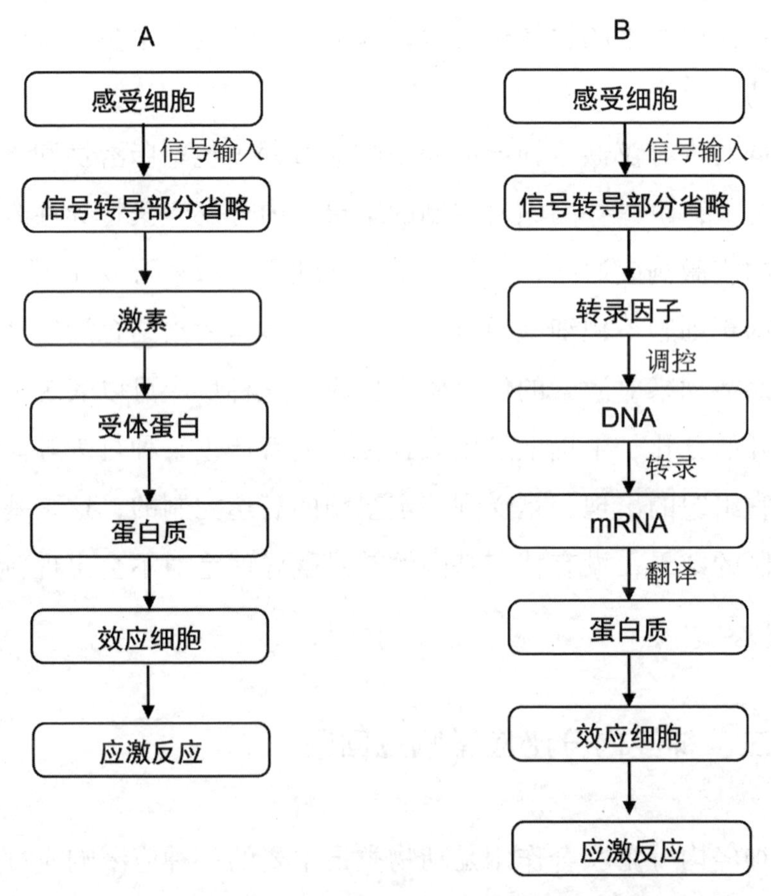

图12-2　神经内分泌联合作用下的应激响应原理图

图12-2中，A列是没有遗传物质参与的过程，B列是有遗传物质参与的过程。

动物神经体液应激响应过程大多是基因相对控制的过程，动物神经系统利用内分泌的基础应激响应通路，可以演变出更多复杂的网状应激响应通路。

每个应激响应通路并不是完全独立的，而是多个应激响应通路形成一种复杂的网状信号网络系统。这与互联网相类似，实际上每一种生物化学信号分子（如激素、第二信使、蛋白质分子等）就相当于互联网中的一个路由器，起到信息识别、信息过滤、信息转换、信息分配、信息增强等作用。而物种个体自身的感受器官和效应器官类似于互联网中的客户端电脑；感受器官对生态位因子激发信号具有信号接收、信号过滤、信号编码、信号转换等功能。不同的感受器官对同一生态位因子激发条件的信号综合分析会在神经系统中形成特定的信号编码，这样就能够识别这种激发源的具体物理和化学综合特性。例如，我们的手指触到了热水杯，那么会产生触觉、痛觉、热觉、压力感觉等综合信号，这些信号会形成一种综合编码，这样就会通过应激响应通路，形成神经应激响应过程，产生缩手应激反应。同样，缩手应激反应也是由神经系统传递过来的综合信号编码分别作用于我们手部的不同肌肉，从而产生一种协同的作用效果——缩手反应。当然不同的生态位因子激发条件同时作用也会在感受器官信号输入过程中形成特定的信号编码，便于神经系统的识别。效应器官也会受到不同的信号编码作用，从而产生一种协同的应激反应。

第二节　动物个体自然适应进化研究

动物个体基因绝对论对进化过程的影响在于动物需要进化出完整的应激响应通路，这是一种不断尝试和负反馈相结合的作用过程。在生态位因子激发作用下使得动物的感受器官感知到激发信号，通过体液、神经或神经体液信号转导，激活第二信使，通过第二信使来诱导产生蛋白结合物，促进细胞内合成蛋白类物质，再通过这些蛋白类物质活化效应器官，使得物种个体特定的器官构造发生应激反应，应激反应会对生态位因子形成利用或抵制作用，形成完整的应激响应通路（如图12-3 A）。在形成稳定的应激响应通路后，长期的生存策略过程，会使蛋白质在逆转录酶的催化作用下形成RNA，RNA再次逆转录到DNA中，这样便将遗传信息进一步固定化和稳态化（如图12-3 B）。在以后正常生理应激响应过程中，第二信使诱导产生的蛋白结合物会成为转录因子，直接与细胞核内的DNA相结合，从而调控DNA发生转录过程产生mRNA，然后mRNA翻译合成相应的蛋白质类物质，使效应器官产生应激反应。这样，在生殖繁衍过程中亲代便能够将控制应激响应过程的遗传信息稳定地传递给后代，使得后代直接获得对这种生态位因子的应激响应通路，从而实现物种个体对生态位因子的利用或抵制作用（如图12-3 C）。

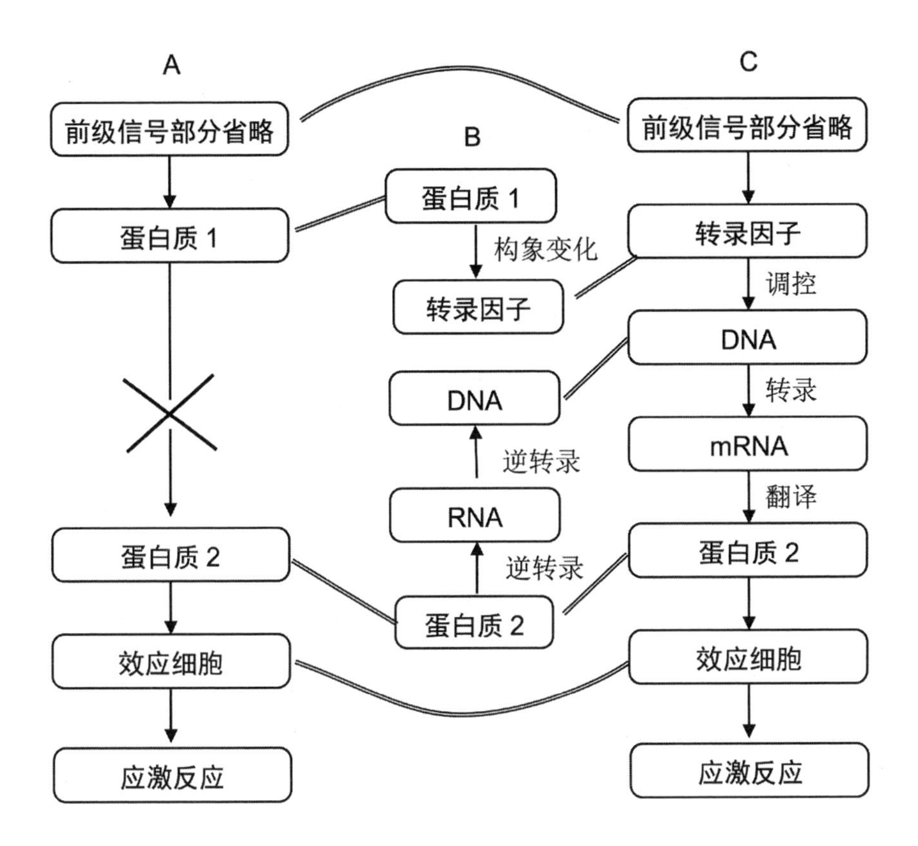

图12-3 动物个体自然适应进化过程示意图

图12-3中，A表示物种个体自然适应进化过程中首先是形成蛋白质介导的应激响应通路；B表示蛋白质级联耦合激发遗传物质逆转录的进程，同时产生转录因子；C表示进化成功后能够通过新获得的DNA来介导信号转导过程，是一种正常生理的应激响应过程。

对于图12-3中的B进化过程，我们提出一种蛋白质级联耦合逆转录假说，这一过程最有可能发生在生殖遗传中。用下页图例来示意说明（如图12-4）。

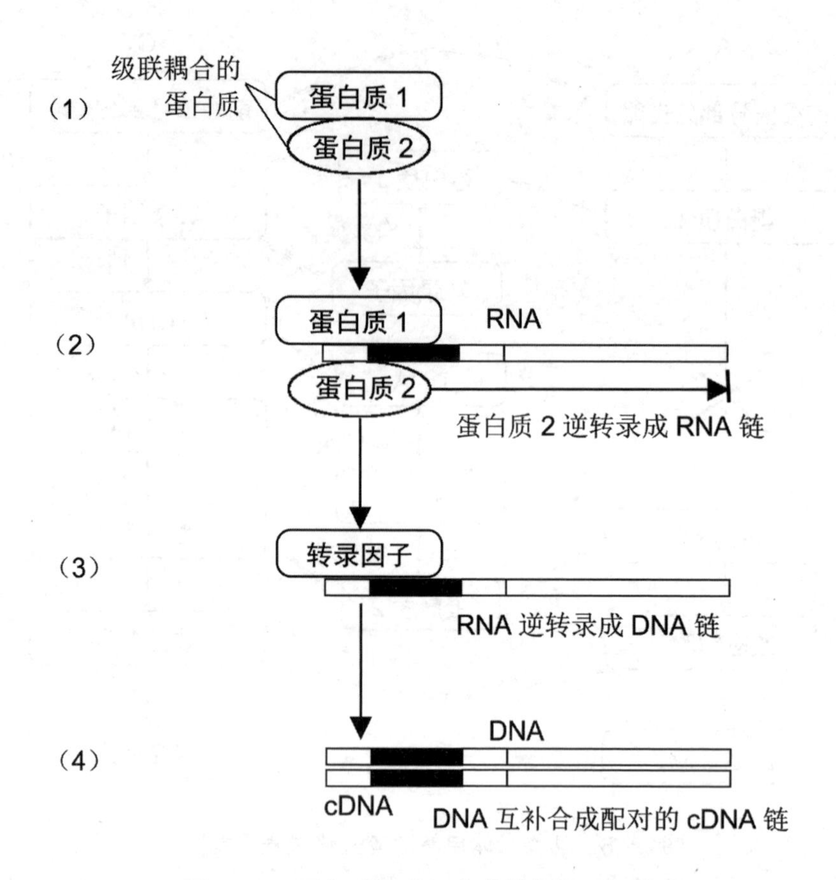

图12–4 蛋白质级联耦合逆转录假说示意图

图12-4中，蛋白质级联耦合逆转录假说为我们提出一种全新的基因逆转录获得过程。其中过程（1）表示在进化过程中，对生态位因子的应激响应会形成蛋白质-蛋白质的信号转导过程，由蛋白质介导应激响应过程。级联耦合的作用在于一个蛋白质会激活另一个蛋白质，它们通过底物能够特异性地激活。过程（2）蛋白质2作为活化的产物，通过逆转录酶的作用将蛋白质空间结构逆转录成相对应的RNA基因。同时蛋白质1和蛋白质2的级联耦合区

也会逆转录成一段RNA，成为一个启动子区域，作为翻译蛋白质的起始区域，标识出只有蛋白质1与RNA的这个特定区域耦合，才能激发RNA转录生成相应的蛋白质2。在蛋白质2完全逆转录成为RNA后，蛋白质2在水解酶作用下水解形成大分子化合物。过程（3）RNA链还会进一步逆转录成DNA链，同时蛋白质1与RNA的启动子标识区域在DNA中仍然存在，同时蛋白质1也会发生结构转变成为转录因子。只有这个转录因子与DNA的这个特定区域耦合，才会调控DNA的转录过程，生成mRNA。这时转录因子在水解酶作用下水解形成大分子化合物。过程（4）以DNA为模板合成双链DNA，双链DNA整合到已有的染色体组中。

通过蛋白质级联耦合逆转录假说，物种个体获得了新的基因。如果再次出现相同的应激响应时，就会通过转录因子的作用，调控DNA转录成为mRNA，通过mRNA的翻译过程，将蛋白质2激活，实现正常生理的应激响应过程。

进化过程是物种个体生存策略的获得或更新过程。在生存策略形成过程中细胞内信号转导过程会使遗传物质逆转录，使蛋白质传递到遗传物质中形成遗传物质的积累，获得新的基因；通过两性生殖过程将新基因遗传传递给后代，让后代直接产生新性状从而对生态位因子形成利用或抵制能力，后代也就直接获得了新的生存策略。

遗传物质的逆转录过程最有可能发生在生殖细胞的有丝分裂阶段。逆转录过程所产生的DNA链在DNA聚合酶的作用下整合到物种个体原有的DNA链中，在生殖细胞有丝分裂结束后配子体便可以携带新获得的遗传基因。配子体的结合过程中受精卵（合子）就可以直接获得新遗传基因，这样在后代的成长发育过程中就会让所有体细胞都具有这种遗传基因。自然适应进化的DNA整合过程与HIV的感染过程作用机理相类似，人免疫缺陷病毒（HIV）是获得性免疫缺陷综合征（AIDS，又称艾滋病）的病原体。HIV属RNA逆转录病毒。HIV病毒进入被感染细胞后，病毒核心脱壳，在毒粒携带的逆转录酶作用下，由病毒基因组RNA逆转录产生cDNA，并进一步复制，产出双链DNA中间体，双链DNA进入细胞核并整合入细胞染色体成为前病毒并与细胞DNA同步复制，随细胞分裂垂直传递给子代细胞。

动物个体基因相对论的进化过程在于利用已有的应激响应通路就可实现进化过程。进化过程并不需要遗传物质的获得，而是将现有的基因通过基因相对控制的策略机制，实现新的器官组织或新的生理功能。例如，神经系统信号和体液信号转导途径的相互交叉与整合机制。可以看出，感受器官的信号输入是多通路的，效应器官的诱导输出也是多通路的，而应激响应过程也是多通路的，所以整个应激响应过程就是一种复杂的网状信号处理网络系统。之所以能够形成这种有效的信号处理网络系统，这要归功于高度发达的神经系统，尤其是高等动物的大脑就是这种信号处理系统的核心。正是有了这个信号网络平台，新建一个应激响应通路就是比较容易的事了，从而实现物种自然适应进化过程。正是这个原因，越是高等的生物进化速度就越快，进化程度就越高。

鸟类喙的进化过程就是基因相对控制的应激响应过程。鸟的喙由上喙和下喙构成。苍鹭的上下喙长而尖，因此苍鹭的喙特别适合在浅水里啄食小鱼和蛙。鹈鹕也是食鱼鸟，但是喙的构造则迥异；它的上喙在末端处突然向下弯曲，鹈鹕捕捉鱼时所使用的正是喙的这一部分；一个肥胖的袋状囊从下喙两侧之间伸展出来。当鹈鹕捕捉到一条鱼时，它的头向后倾斜，使鱼慢慢地进入袋内。这条鱼无法逃脱，鹈鹕便可以从容不迫地将鱼吞食掉。鹰的强有力的喙（其上喙弯曲而尖锐），能非常有效地撕碎被捕食的猎物的肉。啄木鸟有一个强有力的凿状喙，用以凿进树的朽木部分，这样它就可以够着蛀虫和它们的虫状幼体；啄木鸟也具有矛状的角质舌头，当树皮底下的幼虫的隧道被凿开时，便可以用舌头啄食幼虫。鸟类喙是与其生存策略密切相关的，其中最主要的是与食物源有关，这正是由于鸟类祖先的不同种群在不同生态位下找到了适合的食物源，在原有喙的结构基础上（基因绝对论），通过获取食物源时产生的应力、磨损、力量传递和接触面等综合转导信号，促使体内产生应激响应过程，增强喙的结构特性和结合面来更好地实现利用喙来取食，这就是一种基因相对控制作用下的进化过程。

第十三章　种群自然适应进化研究

第一节　种群自然适应进化研究

自然适应进化假说融合了生态位理论、广义遗传中心法则和基因相对论、应激响应理论、生存策略理论等基础理论知识，每个理论都是一块基石，都可为自然适应进化理论做铺垫。

一、生态位和种群

生态位是种群在一定的时间、空间生存所需要依赖的所有环境因素条件的综合。生态位包括自然环境因素和生态因素两类主要的影响因素。生态位是种群生存和进化的物质基础，特定的生态位中会生存着多个不同物种的种群，它们共享同一生态位资源。自然环境因素是客观的物理因素。生态因素是种群内部或种群与处于同一生态位下的其他种群间的相互关系。

生态位也可以解释成某一物种种群在生态系统中所占据的位置和所能够利用的一切资源。生态位是生态系统的一个子集。所有种群和其所占有的生态位的有机结合和相互作用就构成了生态系统。

生态位的变化包括生态位遏制、生态位释放、生态位分化、生态位扩展、生态位隔离等，而种群对生态位的变化也会引起自身变化，如种群数量、种内争斗、年龄结构和种群秩序等变化。生态位的遏制作用促使种群只能保持一定的种群数量和密度，生态位释放会让种群通过大量繁殖快速占领空出的生态位空间。

生态位因子是指生态位中可以分隔成为独立起作用的要素，如阳光、雨水、雷、电等。这是为了研究方便而人为地进行分隔识别，目的在于研究动植物与主要的生态位因子之间的关系，所以不用过分地强调生态位因子的独立性或功能性。事实上，大多情况下生态位因子都是相互联系、相互作用的，很难从物理上进行分隔。

物种个体的个体差异性是由多种因素导致的。一是，物种个体间差异性状有可能是种群基因库的基因多样性形成的。如雌雄两性的性状差异是最典型的个体差异。二是，由于基因相对论的作用结果引起个体差异。这是由于物种个体在发育成长过程中，基因对性状的表达和控制是相对的，在前面章节有过详细的描述。例如，器官组织或生理功能的变化，同样会引起其他器官组织和生理功能的相应变化，这是源于功能协调性的调节机制。又如，物种个体在成长发育过程中，是不断受到生态位因子的激发作用，会不断产生应激响应过程，器官组织所产生的应激反应对生态位因子的利用或抵制过程中，自身的器官组织也会发生相应的变化。

物种个体差异性只是种群内部性状多样性的反映，这是种群自有的内在特性。比如人种的肤色、毛发、高矮等只是人种内不同的变化。还有像玫瑰花的红、蓝、粉等不同颜色，只是种群内性状多样性的体现，并没有任何进化优势和生存劣势，既然以前一直存在，那么以后也会一直存在。

任何生物个体都是有个体差异性的，有所长必有所短，正是这种个体差异多样性才能够让种群得以存在，才能有进化的空间。人类就是最典型的例子，人类的长相、体形、身高、质量等都完全不同，每个人都有自己的长处，同时也有自己的短处，但是生活在种群里可以实现优势互补。

种群是指某一物种生存在某一特定生态位环境中的所有个体的有机组合。种群的特点在于有共同的基因库、性状高度相同、个体间有交流等。两性生殖是维系种群关系的纽带。种群是物种在自然界中存在的基本单元。只有种群才是真正意义上生物进化的基础单元，是能够发生进化的集合。所以，生物进化都是发生在种群层面上的。

二、遗传理论

遗传中心法则指DNA通过转录生成信使mRNA，进而翻译成蛋白质的过程，即贮存在核酸中的遗传信息通过转录，翻译成蛋白质，从而形成丰富多彩的生物界。该法则表明信息流的方向是DNA→RNA→蛋白质。

将逆转录补充到经典遗传中心法则中就会构成广义遗传中

心法则。前面介绍过，蛋白质也是一种遗传物质，朊病毒就是一个例子；此外，蛋白质还介导了动物的很多应激响应过程，并没有DNA或RNA遗传物质的参与。在某些特定条件下，蛋白质在生物酶的作用下通过逆转录过程合成遗传物质RNA，再由RNA逆转录到DNA中。那么就可以将遗传中心法则扩展成为广义遗传中心法则。

基因相对论只是对基因绝对论理论的补充。关键性、决定性的性状表达需要由基因绝对论进行控制完成。

我们强调基因的获得性遗传，正是由于基因的特殊优势在于其稳定的遗传特性和信息存储量大。DNA因此成为遗传物质的最主要存储形式，但真正起作用的仍然是蛋白质，DNA和RNA只是起到传递遗传物质的作用，要发挥遗传作用还得通过转录后翻译成蛋白质来参与到生命活动过程。蛋白质是生命的信号转导主导物质，遗传物质只是蛋白质在细胞内的“存储”形式和传递途径。

在生命世界中，蛋白质的活性强，结构变化快，能够对应激响应过程进行快速响应；但缺点是稳定性差，不能有大量蛋白质同时存在于细胞中，这是由于化学共价键的存在会相互影响，直接降低蛋白质使用效率，同时也会消耗大量的营养物质，所以生命活动有自己最高效的处理方式，就是如果蛋白质暂时并不起到信号转导作用，会被水解酶及时地分解为各种氨基酸，然后其他mRNA翻译时可以重新利用这些氨基酸，通过不同的排列组合，不同的空间架构，可形成其他“有用的” 蛋白质，参与到生命活动过程中。mRNA是相对稳定的遗传物质，多以单链形态存在，大多是在首次应激响应过程中，转录因子会启动相应DNA的转录，生成mRNA和其他RNA，再通过mRNA，翻译成新的蛋白质来参与生命活动。蛋白质如暂时不被需要，就会被水解掉，但是mRNA仍然会保存一段时间，如果再次发生同一应激响应生命活动，就会由mRNA直接进行翻译来参与应激响应生命活动，可能并不需要DNA的转录过程。这样能够大大加快应激响应过程的速度，原因正是在于DNA转录mRNA的过程会相对较慢，持续时间较长，不能适应生命活动快速反应的需要。这就好像一个人突然被他人从身后吓一跳，这个人要反应几秒钟才会出现心跳加速、出冷汗等应激反应症状。如果过了一段时间后，他再次受到惊吓，他会立刻产生应激反应。其他生命活动的应激响应过程也与之相似。

正是广义遗传中心法则的存在，才会实现蛋白质、RNA、DNA之间的信息互作传递过程，DNA才会被选择为稳定传递的遗传物质。

生命科学的研究依据是现有的物种进化假说，特别是自然选择学说，其倾向于基因突变和变异理论，但都只能对现有或之前的物种进行总结归纳，这些学说不能对物种从今往后的进化发展方向进行有效的预测。原因在于基因突变和变异是不定向的，不可能产生定向的进化，所以不可能预测到物种的进化方向和趋势，这些假说也不能够指导社会生产生活实践，现在的基因工程也是在人工干预情况下的生物学实践，并不能够在自然环境中实现，更没法通过实践验证为真理。

自然适应进化理论完全具有其他科学原理的基本特点，从实践中来，能指导实践，同时也能够通过实践来验证。只是目前暂时的困难，没有让理论完全贯通，相信未来一定会实现的。

三、应激响应理论

应激响应过程是指物种个体在生态位因子的激发下，感受器官接收激发信号输入，通过体液、神经系统或神经体液的逐级诱导应答响应的过程，促使效应器官产生应激反应，应激反应对相应的生态位因子形成利用或抵制作用。应激响应会形成一个主要的应激响应通路。

四、生存策略理论

物种个体的生存策略是指一个或多个应激响应过程所产生的应激反应能够形成协同作用，从而实现自身的器官组织和生理功能对一个或多个生态位因子的利用或抵制作用。这是物种个体生存策略的完整定义，这里可以看出物种的生存策略会有一个或多个应激响应通路。物种个体的生存策略是一种反馈调节过程，其中最主要的是负反馈形式。从遗传学角度看，物种个体的生存策略是一个或多个基因参与的性状表达的过程。简单来说，生存策略就是要利用自身的器官组织和生理功能实现利用有利的生态位因子，而抵制不利的生态位因子，简称为趋利避害。

由于物种个体差异的存在，个体的器官组织或生理功能会存在一定的差异性，在面对相同的生态位因子激发作用时，所产生的应激响应过程也会存在一定的差异性，最后形成的物种个体生存策略自然也会形成一定的差异性。

个体是如何把生存策略传递到种群的呢？这也需要一种生存策略来实现。物种个体自身条件（器官组织和生理功能）不同，面对相同的生态位因子，自然也会采取不同的生存策略来应对。那么，这时就会有部分个体，其器官组织和生理功能在针对这一生态位因子时表现出某种“优势”，成为“优势个体”，能起到引领和模范的作用，“优势个体”采取的生存策略就将具有一定的“优势”，会引起种群中其他个体来效法；从而将不同个体的个体生存策略归化成为相同的个体生存策略，如果能引导更多的物种个体来效法，就很可能会上升成为种群的生存策略。比如狼群猎食都是听从头狼的领导和指挥，头狼就是这个小群体里的“优势个体”，这种所谓的“优势”也是在争斗中获胜而得到其他成员认可的，所以头狼的生存策略会引领其他成员共同来执行，也会成为其他个体的生存策略。

种群层面的生存策略是对物种个体生存策略的协同整合。生存策略是从物种个体传递到种群的，实现途径主要是四种：一是生殖遗传。二是传导，包括养育、传授、模仿等。三是学习和尝试。四是争斗传递。

种群的生存策略是指生态位变化引起种群的变化，种群的变化又会形成对生态位的新的适应，始终保持种群对生态位的适应性稳态。种群生存策略的实施边界就在于生态位，正是由于生态位的遏制作用，将种群生存策略限制在能够有效适应的特定范围内，而不会无限扩张。

五、自然适应进化理论总结

进化会发生在两个层面上，一是个体层面，包括个体的基因获得性、器官组织或生理功能的变化、应激响应过程、生存策略的获得和更新；二是发生在种群层面，包括种群生存策略的变化、种群基因库的扩增、对生态位的适应性变化等。两个层面相辅相成，缺一不可。只有上升为种群的进化才是完整的进化过程。

如果进化过程只是在部分个体中完成，这部分个体发生了进化，获得了新基因，器官组织和生理功能也都发生了变化；这种情况下，只能说这部分物种个体增加了个体差异性，且种群基因库也增加了多样性；并没有影响到整个种群对生态位的适应性，所以并没有形成有效的进化过程。

生态位的变化会直接导致生态位因子产生变化，也会直接影响到种群的生存策略。由于个体差异的存在，当生态位因子发生变化，同时种群生存策略受到影响后就会激发部分优势个体发生应激响应过程，通过不断尝试来激发或诱导出新的应激响应通路。一个或多个应激响应过程的协同作用所产生的应激反应包括器官组织、生理功能的改变，这部分优势个体会通过反馈调节方式实现对变化的生态位因子形成有效的利用或抵制作用。这种物种个体生存策略的获得和更新过程，必然会形成部分优势个体新的生存策略。物种个体新的生存策略会向种群内其他个体进行传递和扩散，让种群中其他个体逐步获得新的生存策略；当然，物种个体获得的新基因也将进入种群基因库，通过与其他个体的生殖遗传过程进行基因传递和扩散。物种个体的生存策略在种群内经过协同或争斗的过程，必然会上升为种群新的生存策略。在这一种群新的生存策略的驱使下促进其他物种个体也会发生进化，这些物种个体获得的新基因也将进入种群基因库。种群的基因库包括获得的新基因会通过物种个体间的生殖遗传作用传递给下一代，下一代将直接获得新基因，从而在发育过程中出现器官组织和生理功能的新变化，从而形成对生态位因子稳态的利用和抵制作用，也就直接获得了新的生存策略。生态位因子逐渐在变化过程中形成一种相对稳态，将直接使种群生存生活的生态位趋于稳态。种群新的生存策略促使种群对生态位稳态形成新的适应性。

我们先来讲一个野外拍摄的短片，生活在非洲南部马拉马拉草原的角马多达上百万只，它们需要不断地迁徙寻找新的草场，也会跨过宽阔的河流去河对岸的草场。“角马过河”是一个波澜壮阔的大场面。先期到达的角马面对河流非常胆怯生畏，但是后面赶来的角马越来越多，互相拥挤。那些胆大力壮的角马一跃而下跳入河中，起伏跳跃奔向对岸，上岸后可以食用新鲜的嫩草。后面的角马有的跟着下水，有的被挤下水，成群的角马开始大渡河。有些角马奋力地在对岸上爬坡；有些角马才刚跃上岸边的浅坡，挤作一团；有些已游到对岸正拼力挤向岸边浅滩；有些还在湍急的河流中跳跃游动；有些刚从岸边浅滩跳入河中；有些才刚跳到岸边浅滩准备下水；有些还在河岸上边观望不敢下去，不时地会被后来者挤下去；后面赶来的角马被前面的阻挡而拼力地往前拥挤，更多的角马还在陆续地赶来。渡河的地点也不止一处，分散成多处都可以渡河，最主要是看领头的角马能否顺利上岸。百万只角马会在几天内陆陆续续过河。但是，这一次渡河会让大批角马失去生命，有些是陷入对岸浅滩泥泞中难以自拔，有些是由于体力耗尽没法爬上对岸，有些是被河中的鳄鱼直接捕食掉了，有些是在河中溺水淹死了，有些是被河水直接冲走了，有些是由于踩踏致死。

“角马过河”正好可以用来比喻说明自然适应进化过程。任何进化过程都是种群的缓慢进化过程，不会一蹴而就。有些物种个体借助自身优势会最早发生进化，这些个体会通过遗传传递让后代直接获得新器官组织和生理功能，而其他种群个体也会追随着脚步逐渐地产生进化，还有很多正追赶而来，正像“角马过河”一样，呈现批次连续的进化过程，并不是整个种群一次性地发生整体进化，这是不可能发生的过程。这种进化获取的新器官组织或生理功能并不是一蹴而就的，就像长颈鹿的进化过程，并不是某些个体获得新基因后就直接长成了2—3m长的颈部。种群进化过程正像是“角马过河”，有些个体进化得快一些，有些个体进化得慢一些，有些个体的进化才刚开始，有些个体还没有发生器官组织和生理功能的进化。但最终都会发生进化。进化过程也必然会存在“不适应”的淘汰过程，“角马过河”中大批角马由于各种意外原因导致失去生命被自然所淘汰，进化过程同样如此，有些个体并没有向种群生存策略的方向进化，会因为这种“不合群”或“不适应”而被自然所淘汰。

我们知道，任何进化过程都不是一两个基因的获得那么简单，很多进化过程会产生成千上万个新的基因，甚至能够进化出新的染色体。进化过程必然会达成器官组织和生理功能间的功能协调，这是基因相对论的作用过程。

物种进化过程是一个严格的过程。下面我们从图13-1分步来研究自然适应进化过程。

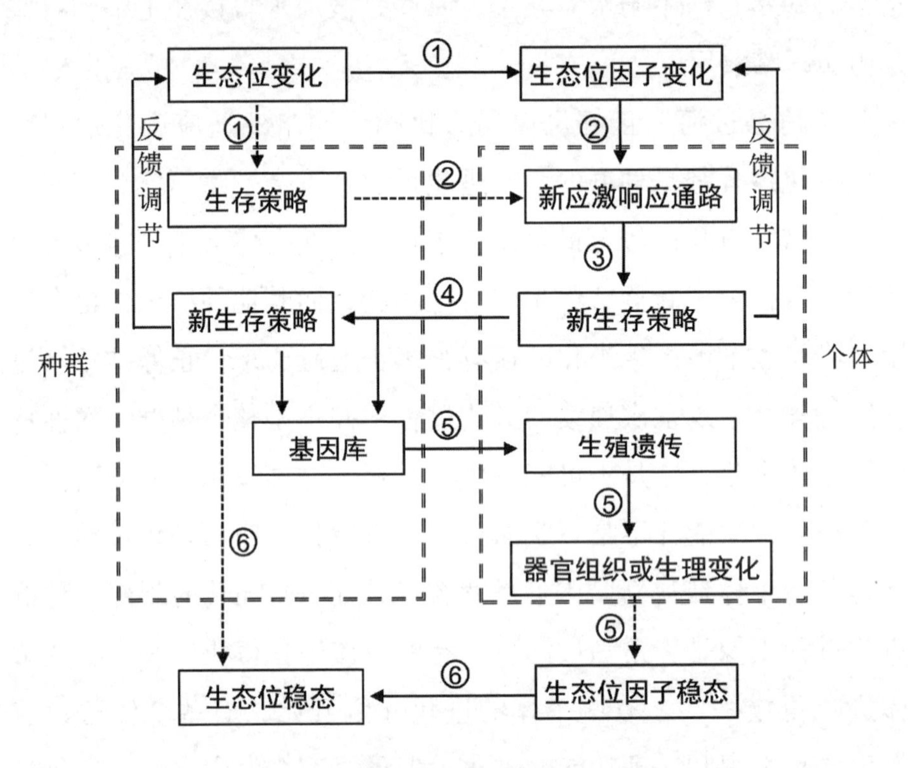

图13-1 物种自然适应进化历程示意图

1. 生态位的变化会直接导致生态位因子产生变化，也会直接影响到种群的生存策略。前面一直强调，只有种群才是真正意义上生物进化的基础单元，是能够发生进化的集合。所以，生物进化都是发生在种群层面上。生态位是进化的主要激发因素，种群为了生存就需要不断地适应生态位。生态位也不是一成不变的，会处于不断地运动变化中。变化是永恒的，不可改变的。在某个历史片断中，我们观察整个种群时，并不能观察到明显的进化，可以看成物种是处于相对稳态中。后面会列举长颈鹿进化的实例，如果只强调个体优势的话，只有最高的长颈鹿能够吃到树冠顶部的树叶，而其他长颈鹿也要每天进食，可由于食物源短缺，这部分长颈鹿不会坐以待毙，自然而然地会选择迁移，正像其他食草动物一样逐草而生。这时，最高的长颈鹿个体要么随群体迁移——这就不能发挥其长处了，要么待在原地，那么留下来的个体必然会招致食肉动物的捕食，更容易遭受灭绝。这就是为何一直要强调说种群的生存策略，强调种群的进化，脱离开种群的个体都无法生存，何谈进化？总的来说，进化过程是与生态位和种群密切相关的过程，离开生态位和种群就谈不上进化过程。原因在于：首先，绝大多数的进化是由于生态位的变化引起的种群进化过程；其次，任何进化的结果还是要回到种群对生态位的适应性上来；最后，进化过程是发生在种群层面，如果仅仅是部分个体实现了器官组织和生理功能的变化，并不能成为进化过程，只能说是增加了个体差异性。比如，核电站一旦发生核泄漏事故，就会导致当地很多物种出现体形巨大的性状变化，这就不是一种进化过程，原因在于：其一，物种受到核辐射是偶然的人为事件，并非自然界长期存在的自然现象，并不是物种的生态位正常变化；其二，整个物种种群也不可能适应这种核辐射的环境，特别是生育和养育问题；其三，只有生活在辐射区域的物种个体受到了影响，并非整个种群受到影响，所以只是局部现象，构不成进化现象，只能说是这部分个体产生了个体差异。

2. 由于个体差异的存在，当生态位因子发生变化，同时种群生存策略受到影响后就会激发部分优势个体发生应激响应，通过不断尝试来激发或诱导出新的应激响应通路。

在物种进化过程中，由于个体差异的存在，必然会有部分个体的器官组织和生理功能在针对某些生态位因子方面比较具有优势。倘若这一阶段的进化过程正好是由于这一生态位因子的变化所产生的，那么这部分物种个体就先天具有一定的优势，成为“优势个体”。当然，下一阶段的进化过程可能是其他生态位因子的变化促使的，必然会有另外一些群体具有针对这一生态位因子的优势，那么在进化中又会成为下一阶段的“优势个体”。可以肯定的是，个体性状差异的存在是必然的，那么个体的所谓优势只是针对某一特定的生态位因子而言，并非在所有进化方向都占优势，都是强者，反而在其他生态位因子作用下可能会变为劣势。所谓的优势个体都是相对于种群中其他个体，相对于某一生态位因子而言，优势个体脱离开种群后可能会蜕变为劣势。自然界并不存在所谓的强者。

我们知道，物种在生长发育过程中会有大量的应激响应过程发生，会有大量遗传物质或信号转导物质参与，有些信号转导物质会同时介导几个不同的应激响应过程。所以，新的应激响应通路不会凭空产生，而会在原有的应激响应通路基础上，通过互相交联、合并、转接等作用来实现。

3. 一个或多个应激响应过程的协同作用所产生的应激反应包括器官组织、生理功能的改变，这部分优势个体会通过反馈调节的方式实现对变化的生态位因子形成有效的利用或抵制作用。由此可见，物种个体生存策略的获得和更新过程，必然会形成部分优势个体新的生存策略。这一过程就是物种个体的进化过程，会产生基因的获得性，这些优势个体作为“先驱者”会先一步获得新基因。

4. 物种个体新的生存策略也会向种群内其他个体进行传递，让种群中其他个体逐步地获得新的生存策略；物种个体获得的新基因将进入种群基因库，通过与其他个体的生殖遗传过程进行基因传递和扩散。物种个体的生存策略在种群内经过协同或争斗的过程，必然会上升为种群新的生存策略。种群新的生存策略会驱使其他物种个体也发生进化过程，这些物种个体获得的新基因也将进入种群基因库。种群进化历程是一个不断进化的缓慢过程，进化基因的获得只是一个起点，并非终点。我们知道，任何进化过程都不是一两个基因的获得那么简单，很多进化过程是会产生成千上万个新的基因，甚至能够进化出新的染色体。进化必然也会达成器官组织和生理功能间的功能协调性，这是基因相对论的作用过程。

5. 种群的基因库，包括获得的新基因，会通过物种个体间的生殖遗传传递给下一代，下一代将直接获得新基因，从而在发育过程中出现器官组织和生理功能的新变化，进而形成对生态位因子稳态的利用和抵制，获得新的生存策略。这才是物种个体进化的终点。进化过程是一个负反馈的闭环作用过程，这样能够实现滚动式前进、螺旋式上升的性状积累进化过程。

6. 生态位因子逐渐在变化过程中形成一种相对稳态，将直接使种群生存生活的生态位趋于稳态。种群新的生存策略促使种群对生态位稳态形成新的适应性。这是整个种群进化的终点，也是下一个进化的起点。种群要不断地保持对生态位的适应性。如果物种种群不能适应生态位，也无法通过进化达到对生态位的适应，那么就会逐渐地步入淘汰过程，直到种群灭绝，恐龙就是典型的实例。

7. 物种个体自然适应进化过程。进化过程明显地会表现出器官组织和生理功能的变化，而这一变化会对生态位因子形成新的利用或抵制作用。从另一方面来看，是物种个体的生存策略得以获得或更新，物种个体改变了生存生活方式。

8. 种群自然适应进化过程。进化过程是种群的生存策略发生改变的过程，种群的进化才是真正的进化过程。正是缘于生态位的变化，才迫使物种种群进行生存策略的改变，达到对新的生态位的完全适应。我们研究进化就是要研究种群的进化过程，而不能追踪某个个体来研究，如果个体被捕食或意外死亡，那么我们能得出什么结论呢？难道是说进化中止了，还是说物种灭绝了呢？

进化过程是一个严格的过程，上面的环节和要素成为进化的必然构成部分，缺少任何一个环节和要素都不能算是真正的进化过程。比如有些人手上长有六指，这是由于基因突变导致的个体变异，这一现象并不能构成进化。原因在于：首先，多出的手指这一现象并一定能够传递给下一代；其次，也不一定能扩散到整个种群；最后，这一变异并没有形成这个人对生态位因子的利用或抵制作用，或者上升到种群的生存策略来说，也形不成对生态位的适应性，直白一点儿说，这是一个多余的“彷徨性状”，无益、无害，也无用。所以，并不符合自然适应进化的定义，就不是一种进化过程。

进化过程在低等生物特别是原生生物类中会出现进化过程“合并现象”，将个体自然适应进化过程和种群自然适应进化过程融合在一起，很难进行单独区分。这是由于低等生物的生命形式和结构形态简单所造成的。

研究自然适应进化过程，会发现一个普遍的现象，就是同化进化。同化进化指在相同或相似生态位中生存的不同物种，往往会具有同功、同质、同形的等效器官组织或生理功能。这些物种是不能归类于同源进化的，很多有可能是同化进化而来的。比如生活在沙漠中大多动物的肤色都以接近沙漠的土黄色为主，这就是一种同化进化现象。

总结一下自然适应进化过程：由于物种个体差异的存在，当生态位因子发生变化后，优势个体会首先产生应激响应过程，形成个体的生存策略；优势个体会将这一生存策略通过传递途径向整个种群进行传递和扩散，诱导其他个体也产生应激响应过程，获得相同的生存策略；这部分个体随之会产生新的器官组织和生理功能；随着时间推移和规模扩大，个体的生存策略最终会上升为种群的生存策略；这部分个体会通过逆转录过程获得新基因，并将新基因融入种群基因库，再通过生殖遗传过程将新基因传递给后代；后代将直接产生新的器官组织和生理功能，实现对生态位因子稳态的利用或抵制作用，获得生存策略，最终达到种群对生态位的适应性稳态。

简而言之，物种自然适应进化理论重在“生存策略传递”和

"获得性遗传"这两个核心观点。

这里要澄清几个问题。

一是，个体差异的存在是普遍现象，我们在前面章节讲过。个体差异只有在不同生态位条件下才会显现出其相对的优势，但是这种优势只是微弱的优势，并不能形成一种单独物种的巨大优势。而且这种所谓的微弱的优势并非独有的，不可逾越的，其他个体通过学习、模仿、养育、生殖、进化等途径也是可以达到的。

二是，物种个体本身具有个体差异，针对生态位因子可能会产生不同程度的应激响应过程，有些个体形成了进化，而另外一些个体针对其他生态位因子形成了进化。个体的进化过程会被其他进化过程所中断，或被其他个体所忽视，所以不能形成有效的传递过程。倘若个体进化不能传递到整个种群，就只能在小群体里保持存在，只有这部分个体保持器官组织和生理功能的新变化，最多也只能说是增加了个体差异。所以物种个体的进化是一回事，而要上升为种群的进化就是另一回事了，大多数情况下并不会达到有效传递。

三是，进化过程绝对不是某两个或几个个体就能完成的，就拿个体差异来说，具有某方面微弱的优势的个体数量也会有几百、几千甚至几百万个，这在于种群的规模大小。神创论预言提出人类是由一对男女祖先进化而来的，这是在割裂种群的作用，是绝对不可能实现的。个体离开种群生存都很困难，更别提进化和生殖遗传了。任何物种的进化都是种群的进化。

四是，进化过程都会产生数量级的基因获得性，并不是一个或几个基因的获得性那么简单。我们知道，任何器官组织或生理功能的改变，必然会在功能协调性作用下产生其他器官组织和生理功能的变化，会有大量的基因参与表达和信号转导。所以，我们对唯基因论和基因万能论进行批判，并非一个或几个基因就能完成一次进化过程。

第二节　自然适应进化的典型实例

一、长颈鹿的自然适应进化过程

长颈鹿（如图13-2）是从最原始的鹿祖先进化而来的。最原始的鹿祖先是在恐龙灭绝后，随同其他哺乳动物一起发展进化来的。正是由于地质和气候的巨大变化，也是由于恐龙灭绝后导致生态位遏制作用消失，从而释放出巨大的生态位空间，引起哺乳动物的生态位扩展，哺乳动物迅速进化占领了整个地球。这一时期由于食草动物的食物量丰富，优先发展进化。食肉动物的进化相对较晚，且以体形较小物种多见。同时期，植物界裸子植物不断衰落，从而释放出巨大的生态位空间，被子植物开始兴盛起来，生态位不断扩展最终覆盖整个地球。最先兴盛的被子植物是草本类植物，后来才逐渐地进化出灌木类和小型乔木。

最原始的鹿祖先也和其他食草动物一样以草本类植物为食，由于当时气候温暖湿润，水草茂盛，且这时的食肉动物体形还较小，并不足以威胁到鹿祖先，所以鹿祖先的体形不断地发育壮大。可以预见，正是处于这一生物大爆发的窗口期，各种哺乳类动物都在争夺生态位空间，随着物种数量增加，种群密度加大，各个生态位都充满了各种类生物，生态位压力增大，导致物种间生态位遏制作用增强，同种类生物食物源的竞争不断加剧，导致食性分化和生态位分化。一些食草类动物被迫不断地迁移，寻找新的食物源生态位。这一阶段，食肉动物体形逐渐增大，小型食

图13-2　长颈鹿手绘简图

草动物受到猎食，逐渐地受到捕食生态位遏制；另外一些食草动物逐步地向奔跑速度加快的方向进化，通过奔跑速度来摆脱和抵制食肉动物的猎食；还有一些食草动物通过走向沼泽地区，抵制食肉动物的猎食。而鹿祖先中的部分鹿群由于其所生活的生态位里气候温暖湿润，部分灌木类和小型乔木兴起，这些鹿祖先开始尝试兼食这些植物，这样会减少迁移，在一年中大部分时间都能够有丰富的食物来源。当然这些鹿祖先比其他鹿群或食草动物稍有优势，能够拥有较广泛的食物来源，独占这部分生态位，相对而言迁移较少，而这里大多食肉动物会追踪迁移的食草动物而迁移，保证其食物源，从而为这些鹿祖先的发育进化提供了窗口期，逐步地向独立的物种方向进化，成为长颈鹿的祖先。

长颈鹿祖先有了丰富的食物来源，相对迁移较少，且在草本植物凋亡后，还可以取食灌木类和小型乔木，所以通过应激响应过程，体形不断变大，颈部越来越长，以此可以方便取食灌木类中间位置的叶子和枝，也能够取食小型乔木的叶子和枝。这里要注意到植物也在不断地发展进化中，最早的灌木类植物和乔木类植物由于气候湿润并不会长刺，只是后来随着气候和地质变化，气候逐渐变得干燥少雨，大多灌木和乔木不能适应这种干旱的气候生态位而灭绝，只有部分植物通过进化，树形结构发生重大进化，如整株长满尖刺，这是为了减少水分的蒸腾作用以适应干旱少雨的气候条件，大多沙漠干旱植物具有类似的进化过程，如仙人掌等。所以，早先这些长颈鹿祖先食用的灌木类和乔木类植物并不带刺，才能成为长颈鹿祖先的食物。倘若最早的灌木和乔木全身长满尖刺，那么就不可能成为长颈鹿祖先的食物，因为长颈鹿祖先最初还是以青草为主要食物源的，并没有进化出能够绕过尖刺获取树叶的器官组织。灌木和乔木作为辅助的食物源只能持续几个月时间，直到完全落叶，长颈鹿祖先会被迫迁移，但是迁移过程中仍然可以取食灌木和小型乔木，当然如果水草丰盛则会优先取食水草。再后来，随着气候的变化，生态位的变化，和其他物种间食物源的竞争，草场的退化等，逼迫长颈鹿祖先更加依赖取食灌木和小型乔木，与其他食草动物形成食性分化，从而避免了过度食物竞争。且长颈鹿的幼崽在发育过程中，也多取食灌木和小型乔木，这样在世代发育过程中，不断地强化生长发育激素，从而不断地增强应激响应过程，促使骨质不断地增生而得到强化，特别是颈骨的增生和强壮，使得长颈鹿颈部进一步变长，周而复始的发育进化过程，直到进化为现在的长颈鹿。

从这里能够看出，鹿祖先的进化窗口期非常关键，一是被子植物的兴起，特别是灌木和乔木开始兴盛且茂密，还没有尖刺，可以利用来当作食物；二是当时的食肉动物体形较小，还不足以威胁到鹿祖先的进化，正是利用这一进化窗口期，鹿祖先逐渐向体形增大，长高和颈部增生的过程进化，直到进化成为新物种——长颈鹿祖先。等到大型食肉动物如虎、狮、豹等进化成为体形较大的动物时，长颈鹿祖先已经进化成为现在的长颈鹿物种了；这些大型食肉动物已无法威胁到长颈鹿的生存，至少不会将长颈鹿作为主要的食物来源，至多只是在食物来源极度匮乏时，冒险捕食长颈鹿，而且捕食成功概率也并不高，且很容易受到长颈鹿的反击而受伤。所以，这一进化窗口期非常关键。

我们来梳理一下长颈鹿的进化过程。

1. 生态位和种群

从长颈鹿的进化过程中，我们知道最主要的生态位因子就是食物和水。就是一年365天，要天天有食物吃和水喝，这是动物生存的基本要素。当然生态位也是不断变化的，生态位因子也会随之变化。但是一段时间内生态位会保持相对的稳态，就会形成窗口期。生物通过不断的进化来有效地利用生态位因子，并抵制不利生态位因子的影响。比如食草动物通过不断地迁移来寻找新的食物源，这是食草动物对食物利用的过程，因为草会按种群所占有的阳光、水分、养分和生存策略来生存，草是为了自身的种群生存和繁衍而生长发育，并不是为了给食草动物供食而存在的。食草动物以草为食，会挑食不同物种的草来食用，同时也会食用鲜嫩的草，正是食草动物有效地利用了大自然中的草本植物作为食物。可以看出这是一种典型的种间利用关系。同时食草动物还需要抵制不利的生态位因子，比如食肉动物、寒冷、炎热等，通过自身的器官组织或生理功能来趋利避害。

对于动物而言，还有一类最主要的应激反应——行为，动物的行为是通过器官组织和生理功能协同起作用，达到功能协调的过程。行为又包括本领和本能。

长颈鹿要安身立命，就必须利用大自然中一切可以利用的资源，同时要抵制一切不利因素，从而在大自然中有立足之地，这些可以利用的一切资源就是生态位。生态位里有长颈鹿的“领地”，“领地”里有食物和水资源，有阳光，有雨露，有温暖，有寒冷。当然，“领地”里也有其他生物，包括食肉动物等。

2. 遗传理论

长颈鹿的进化过程是性状积累的过程。长颈鹿成年个体的体形增大，身躯长高。随着食物源的丰富，也会延长胎儿的发育周期，这样就会让胎儿出生前的体形就能保持较大，且胎儿的器官组织比例和功能协调性与成年个体保持高度相似。长颈鹿幼崽出生后，仍然保持长长的颈部，短小的躯干，更像是缩小版的成年个体，幼崽会延续长大长高的生长发育模式，直至成年。由于长颈鹿的食物源已经多以灌木和乔木为主，幼崽在发育到断奶后将不得不以此为食，这样在食物源生态位因子的持续激发下，不断地增强生长发育应激响应过程，体形向增高增大方向发育。同时要保持功能协调性，在生长发育过程中产生数以万计的应激响应通路过程，会同时调动体内所有细胞、组织、器官的发育和变化。复杂交联的应激响应通路中会有大量的蛋白质和基因参与应激响应通路的转导过程。这里面可能会有功能相反的应激响应过程，且不能达到功能协调性，通过负反馈过程会削弱这种“不协调”的应激响应过程。

所有这些应激响应过程会逐渐地由繁入简，逐步地集中到某些类激素和蛋白质的信号转导上，这些蛋白质起到越来越重要的作用，可以诱导应激响应通路正确的信号转导，产生应激反应，通过负反馈过程能够准确地识别出这种应激响应通路的信息准确性。在数以千或万代生长发育的过程中，这些系列的蛋白质会通过逆转录过程形成mRNA，这样能够增强信号转导的效率和稳定性，防止蛋白质在复杂的信号转导过程中积累过多导致无法正确识别、效率低下，甚至由于蛋白质水解过程会发生水解错误，将有用的蛋白质水解掉，而mRNA相对而言稳定性要强，可以大量同时共存，在需要信号转导时，可以通过转录因子激活mRNA进行翻译，快速准确地完成信号转导过程。mRNA是遗传物质，可以进行遗传，这样子代就可以直接获得亲代的mRNA，在生长发育过程中直接通过mRNA翻译成为蛋白质来参与到应激响应通路的信号转导过程，这样也会增加子代的性状积累。子代在胚胎发育过程中，就会向成年个体的方向发育进化，并不需要食物源生态位因子的强化激发过程，这样从长颈鹿胚胎发育到出生后已经保持一定的体形比例，正好像成年个体的“缩小版”。有了基因的加持，长颈鹿就不会像其祖先一样从低矮身躯这一起点开始发育，而是直接从一定体形比例的“成年缩小版”起步进行生长发育。

随着长颈鹿的功能协调性进化，会有大量的mRNA产生，不仅来自蛋白质的逆转录过程，还有DNA的直接转录，这些单链mRNA稳定性比蛋白质强，但是自身会进行折叠，也可能会和其他RNA发生交联，特别是mRNA信息量多时会产生互相间的干扰，导致生理功能和进化速度减慢；还有在细胞分裂过程中，这些mRNA并不会复制，而是随机会进入某一个体细胞，当然生殖细胞的有丝分裂过程也会如此。那么后代中可能只有某些个体能获取这一遗传物质，其他子代可能并没有这种遗传物质。经过千万代的发展进化，这些mRNA会在RNA逆转录酶的作用下发生逆转录过程，将mRNA反向合成为DNA，这些DNA在细胞核内经过转录等作用会链接到染色体中，这样就形成了稳定的遗传物质，在亲本向子代生殖传递过程中，DNA保持双链就会使得稳定性增强，同时DNA也会进行复制，会稳定地平均地将DNA信息传递给子代，子代在生长发育过程中，在转录因子的作用下，正确地开启相应DNA的转录过程产生

mRNA，然后通过mRNA翻译成正确的蛋白质，来参与到应激响应通路的信号转导过程中。特别是长颈鹿这种生物的体形器官组织、生理功能、行为等具有显著进化，会引起数以万计的基因获得性进化，甚至有可能这些进化基因会直接链接成为新的染色体。

3. 应激响应过程

生物的生长发育、生存和进化都离不开应激响应过程，应激响应过程也是生物实现生存策略的过程。其中应激响应中最主要的是负反馈调节形式。

长颈鹿的体形结构站立时身高可达6m，体重平均在1000kg上下。刚出生的幼仔也有1.8m高，体重平均在50kg。成年长颈鹿颈部特别长，一般在2—3m。长颈鹿的长脖子和其他哺乳动物一样，椎骨只有7块，只是它们的椎骨较长，相互间有粗壮的肌肉紧连。

一般雌性长颈鹿比雄性长颈鹿矮1—2m。这是因为雌性往往到10岁之后便不再长高，更多倾向于生育发育，而雄性通常能长到20多岁，这也是生育生存策略的体现，交配过程就需要雌性和雄性保持身高体形差异。雌性长颈鹿因此也只能取食相对较矮的树木。

长颈鹿的祖先将食物源锁定为灌木丛和低矮的小乔木时，由于长期伸长颈部并仰着头够着吃树叶和树枝，其颈部活动灵活且颈部肌肉粗壮，更多地依靠颈部椎骨承受重力，这样就会产生激发条件，促进体内产生体液应激响应过程，产生的应激反应就是促使生长类激素的分泌增加，从而增强颈部骨质增生过程，这一过程同时会产生功能协调性，颈部的肌肉组织、神经组织、血管组织、皮肤组织等都会随着生长激素的作用进行扩张增长，这一应激响应过程会发生在尚未停止生长发育的任何个体身上，不仅是颈部的生长增殖，同时作为副作用也会促使腿部的腿骨、肌肉、皮肤、血管、神经等同步在生长增殖，体形整体增大。而其他食草动物却与之不同，其他食草动物低头吃草时椎骨并不受压，主要是肌肉在牵引，当然生长过程中也同样会产生应激响应过程，同样促进整个颈部和头部的生长伸长，但是由于低头吃草这一负反馈过程，只要头和颈部生长伸长到能够让动物够到地面的青草和饮水，这一应激响应过程即受到遏制，不再过度伸长颈和头部，这也使食草动物从幼崽直到成年的生长过程中，始终保持口部能够够到青草和水源。而长颈鹿则是仰着头吃树叶，与骆驼相似，颈部产生的应激响应过程会比较强烈，导致颈部和腿部生长增殖时段较长，由于一直受到正负反馈交叉促进，所以长颈鹿的祖先从幼崽起就会不断地促进颈部的生长增殖。

长颈鹿的身高增长，颈部伸长且由于肌肉量的增多，颈部的整体重量非常大，所以整个身体的重心发生了重大变化，逐步地向前移动，接近前腿部，这样前腿承受全身重量较大的部分，特别是长颈鹿在奔跑时，前腿会承受几倍的体重，还有饮水时需要叉开前腿饮水，前腿分担的重量会更多，所以在生长发育的应激响应过程中，前腿的生长会得以加强和促进，这样前腿会更强健有力，同时前腿也会略长于后腿以平衡全身重量；体形呈现躯干较短，从肩到臀向下倾斜。这是由于生长发育过程中主要受到来自应激响应的负反馈作用，通过功能协调性来调节身体的重心和身体平衡。

长颈鹿的尾巴较长，末端有一束黑色长毛，但是尾巴的重量与全身体重相比是下降的，这是由于长颈鹿的头颈部质量大，整个身体重心前移，且颈部肌肉发达灵活，这样在走路、奔跑、跳跃、转弯等动作中是用头颈部的甩动来平衡身体重心，防止摔倒的。这样尾巴就失去了保持身体平衡的重要作用，功能性下降，更多的是为了拂蝇刷寄生虫。这点上与其他动物是不相同的，大多动物如猫科、犬科、猴科等都是借用尾巴在运动过程中保持平衡体态和身体平衡的，所以尾巴在身体体重中占比较大，起到的作用也很大。这里要明确一个思想，就是长颈鹿尾巴的“退化”过程和人类尾巴的退化过程相类似，正是由于器官组织的功能性在下降，导致从幼年起的生长发育中应激响应过程就会减缓尾巴的生长，会有一个萎缩“不长大”的遏制发育过程，所以长期进化后成年长颈鹿的尾巴就显得相对“缩小”——这是相对体形而言的，而人类却消失了——即从幼年起就根本不生长没有任何用途的尾巴了。

长颈鹿的心脏和肺容量都非常大，与之相应的血管也增粗增大，以适应血液的流速和流量变化，这些都是应激响应过程在负反馈调节作用下的生长发育所形成的。

当然长颈鹿全身的肌肉分布、骨质强度结构、神经、血管等全身器官组织在生长发育过程中，激发的应激响应过程会不断地受到负反馈调节，保持“合理”的功能协调性。这一过程与人类通过健身锻炼来增强身体肌肉特别是腹部肌肉的应激响应过程相类似。

长颈鹿和所有的反刍动物一样，每天都花费几个小时来反刍。炎热的午后，有些长颈鹿会躺下反刍、休息，这取决于是否有同伴提供警戒——长颈鹿只有当同伴担任警戒时，才会躺下休息。长颈鹿一次只睡几分钟，脖子缠绕在身上。它在24h里，睡眠时间不超过20min。当准备站起来的时候，长颈鹿就会前后摆动身体，积聚动能，最后一跃而起。这是由于其器官组织特殊性所造成的，所以需要从行为上进行弥补：由于其体形硕大，在站立时即便是大型食肉动物也望而生畏，但是一旦躺下休息，由于体形大且重，起身困难，就容易遭受食肉动物攻击而毫无还手之力，所以它们只能聚群休息，还要有个体承担警戒工作，同时缩短睡眠时间，以保持警惕。

雄鹿长着厚厚的头盖骨，它增加了攻击的力量，同时它也是一个坚固的头盔，在防御和反攻击时更显出力量，而更多的攻击发生在雄性间争夺配偶，这种争斗会持续几个小时，直到最后，以人类无法察觉的方式，竞争对手之间决出胜负。获胜的雄鹿会花费很多时间追求雌鹿，尽一切可能亲近对方的身体。卷起上唇，它可以感受雌鹿尿液中的激素水平。求爱进行得非常缓慢，整个过程可以持续几个小时，甚至几天。在雌鹿接受了雄鹿的爱情后，雄鹿还要做些心理调整以适应交配过程，要保持身体平衡，这需要高超的技巧，两头长颈鹿的体重可达2000kg，它们却能保证不摔倒。这种重量级动物的交配形式必然是在长期应激适应过程中形成的。

总之，在长颈鹿的生长发育过程中，器官组织和生理功能是与自身生存策略密切相关的，会通过应激响应过程进行生理机能的控制和协调，从而全身的器官组织和生理功能能够达到功能协调性，实现长颈鹿自身特有的生理功能、行为、习性等。说到底，长颈鹿所有的器官组织可以与其他哺乳动物相类似，但决不可能相同，必然会存在差异性，形成特殊性。

4. 生存策略理论

依据基因相对论原理，任何物种个体都会出现个体差异，但是器官组织、生理功能和功能协调性等与种群内其他个体完全相似或相同。任何个体都存在相对的优势，物种个体会在条件适合时，会最大限度地发挥这一优势。某一方面占优势的个体可在种群中起到引领和模范作用，在群体处于劣势时可以引导群体向优势方向发展进化，其他个体通过模仿和学习、遗传等途径可以追随优势个体，从而使得整个种群能够达到自然适应进化。这与我们人类很相似，比如一个小学的班级里有的学生爱唱歌、有的会跳舞、有的长跑好、有的踢球好、有的绘画好等，同学们各有不同的特长。当学校举办体育运动会时，这些体育方面有特长的学生就有了用武之地，其特长就成为一种优势，他们参加体育运动会，能为班里夺奖争光；学校也会组织绘画艺术、板报比赛，这时有绘画特长的学生就处于优势，其他人就处于相对的劣势，这些特长学生会踊跃参加比赛，为班里夺奖争光；到了某个特殊节日，学校要组织文艺节目表演，那些有吹、拉、弹、唱、跳舞等特长的同学就有优势了。整个生物种群也是如此，个体差异是必然的，优势都是相对的，只有激活了某些条件才能显露出这种优势，而且这种优势可能在另外一些环境条件下，会转变成为劣势。

物种个体的生存策略是自身的器官组织或生理功能对生态位因子的利用和抵制过程，这一过程要超越适应。适应是较低层次的需求满足。比如长颈鹿个体正是凭借体形高大，所以会取食灌木丛和小乔木的树叶或枝，这是生态位扩展能够充分利用食物源，所以个体会采取一种利用方式，这是充满智慧的生存策略。利用则是物种个体最大限度地施展自身的器官组织和生理功能来实现生存，而适应只是一种低层次的生存策略，长颈鹿种群的生存策略是适应取食灌木丛和小乔木的树叶或枝，这里必然会有部分成员个体出现“拉胯”现象，比如刚断奶的长颈鹿幼崽难以取食到较高处的树叶，一旦没有食物来源，则整个种群就要被迫进行迁移，否则年幼的个体会全部饿死。并非成年个体能够施展生存策略就可以让种群的生存策略得以实现，一般都会有个体成员拖后腿，所以适应只是较低层次的需求满足。由此可见，种群的生存策略只是一种折中的、顾全大局的、要顾及绝大部分个体的生存策略，所以绝对不会是最优化的生存策略。

长颈鹿个体的生存策略充分展现了对自身特长的充分利用。长颈鹿可以利用长达40cm的舌头来取食，嘴唇薄且灵活，这样能轻巧地避开树叶周围密密的长刺，卷食隐藏在里层的树叶，且舌头上黏稠的口水、舌头和嘴唇上还有一层坚韧的角质层都能防止被刺槐刺伤，多毛的双唇和下腭帮助它吞咽荆棘，而且它的内脏也不会受到伤害。荆棘穿过消化系统以后，原封不动地排泄出来，依然十分尖利。这是器官组织的典型进化过程。取食行为就是多种器官组织和生理功能达到功能协调性的结果。

长颈鹿还会舔食土壤，自己也会制造泥浆，这种行为的目的是摄取食物中缺乏的矿物质。有时它们还会采食碎骨头，给身体补充钙质。

长颈鹿的长颈和长腿，也被很好地利用来降温。它们生活在炎热的稀树草原，由于自身的体表面积大，利于热量的散发。肺部容量大，有利于呼吸新鲜空气，排出废气，这正是长颈鹿的体形结构和生理功能达成的功能协调性。

长颈鹿的心脏直径有65cm。长颈鹿的身高需要更高的血压，才能给远距离的大脑正常供血。一般长颈鹿的血压大约是成年人的3倍。由于长颈鹿的颈部很高，为了抵制不利影响，长颈鹿的耳朵后方的瓣膜会调节血压，这样可以防止因低下头时血压过高而晕倒。

长颈鹿纤长的四肢和脖子使得其饮水成为一大障碍。为了抵制这种不利因素，长颈鹿需要以类似劈叉的姿势岔开前肢，才能把头低下喝水。

另外，我们也能看到协同进化的过程，金合欢树和长颈鹿就是一对典型的例子。金合欢树在进化过程中为了及时封堵被动物啃食后的汁液外流，通过应激响应过程会产生单宁酸。这种物质对动物来讲是有毒的，少量就会让动物头晕眼花，过量会导致动物死亡。长颈鹿采取的生存策略：一是通过应激响应过程逐步进化出相应的生理功能来增强对单宁酸的抵制能力；二是长颈鹿也会巧妙地利用时间差来取食，一般金合欢树是在被啃食所产生的应激响应过程中产生单宁酸，并会不断地提高浓度，应激响应过程会有一个时间差，长颈鹿利用这个“时间差”，可以在多棵金合欢树之间来回啃食，从而避免吃到“单宁酸”浓度过高的树叶。

个体的生存策略是如何转变成为群体的生存策略的呢？长颈鹿祖先中个头儿高的喜欢够着吃灌木丛和小乔木，扩展食物来源，在青草丰盛时，其他长颈鹿并不一定会追随。但是当青草食物短缺时，个头儿矮的长颈鹿也会采取行动来获取灌木丛和小乔木的树叶或枝来充饥，起初它可以食用矮处的食物，一旦群体大多数都追随采取这种行为，那么食物量会急剧减少，部分成员会站立起来够着吃，尽量保持食物分化，这样大家都能分一杯羹。如果绝大多数长颈鹿都没法吃到食物，就会进行迁移，逼迫体形高大的个体也追随一起迁移，防止脱离群体落单后遭食肉动物猎杀。这就是个体的生存策略通过多种途径可以上升为群体的生存策略。

种群的生存策略可以简单理解为种群对生态位的适应性。每个物种种群都要适应生态位，适应是一种稳态过程。但是一旦种群无法适应生态位时，就会通过迁移等行为实现适应新的生态位，或者通过进化来重新适应生态位。种群永远不会坐以待毙，而是会不断地调整生存策略，延续生命。这也是我们为何强调是“生存策略”而不是生存选择，就是要强调生命的生存欲望和能动性，体现出一种“明智”的选择方式。

5. 自然适应进化理论总结

拉马克的“用进废退”学说，达尔文的“自然选择”学说，还有直生论、间断平衡论、综合进化论、中性突变理论、协同进化论等，其科学性和开创性是毋庸置疑的，在其所处的时代都是最先进的且具有革命性的生命科学理论。但是这些假说理论各自站在某个局限的部位或角度，其片面性也就在所难免。

自然适应进化理论是对这些假说理论的综合与升华。比如“用进废退”学说，我们在生活中和自然界能随时观察到，其真正的内在作用机理是应激响应理论；广义遗传中心法则承认“获得性遗传”。拉马克的“用进废退”假说的局限性在于他对基因所知甚少，这也是其时代局限性造成的——也因此，“用进废退”在解释某些情况时可能是完全错误的，比如成年动物每天每时每刻都在不断地使用自身的器官组织和生理功能，会频繁地产生相应的行为，但是这些器官组织并不会再增强、加大了；再比如我们成年人的手是最灵活且使用频率最高的器官，却并不会因此而变得越来越大，手部肌肉增粗增壮的确能够实现，但是让骨骼一起增长增粗却很难实现。

再来说达尔文的“自然选择”学说，其强调遗传、变异、繁殖过剩、生存斗争和适者生存。其中繁殖过剩是我们都能接受的理论观点，但是大量繁殖并不一定能大量存活，其决定因素就在于生态位，正是由于生态位遏制一直在起作用，所以每一物种的种群数量保持着相对的稳定。但是，一旦生态位遏制作用消失，就会转变为生态位扩展——在食物资源充足的情况下，物种大量繁殖就会大量存活，从而整个种群数量会大规模扩展，尽可能多地占领整个生态位，甚至向其他生态位扩展。例如，恐龙灭绝后哺乳动物迎来了生命大爆发时代，哺乳动物在短时间内进行生态位扩展并充满了整个地球，占领了恐龙空余出来的生态位空间。再如外来物种入侵，由于新的生态位食物资源充足，加之没有天敌进行生态位遏制，从而引起整个种群的爆发式增长，等等，不再一一列举。

达尔文的“自然选择”学说能够用基因来解释进化，这是巨大的科学进步，但是基因突变和变异却是片面的。我们知道，基因突变和变异是随机的、不定向的，而达尔文及其以后的追随者却认为物种的部分个体会在基因突变中成为强者，是因为其获得了“强者的基因”，“强者的基因”再遗传传递给后代，后代就会获得这种“强者的基因”直接发育成为强者。本研究不赞同这种观点，理由有以下几点：一是最强者个体拥有多个雌性的交配权，这只是在小群体内胜出，并不是整个种群，不可能将其基因传递到整个种群。二是最强者传递给后代的强大基因不一定会让后代变得强大，有很多实例可以证明。三是动物生育的后代有雌性有雄性，不可能都是最强大的。四是这一理论只强调雄性基因的强大，而生育是两性繁殖过程，雌性对后代的贡献却被忽视掉了。事实上，哺乳动物中，雌性对胎儿发育所产生的影响是最大的。五是物种的进化过程中会引起成千上万个基因的“变化”，仅靠基因突变是很难实现的，这也是我们前面一直强调的。所以，我们说这一理论是片面的。

达尔文的“自然选择”学说提到的“生存斗争”理论也是片面的，这是因为他把人类社会的生存斗争现象强加给了生物界。我们知道，动物的种内争斗是非常普遍的现象，种内争斗一般是为了争夺食物、水、交配权等，还有一些争斗是毫无目的性的，只是为了嬉戏、锻炼、恐吓、发泄等。一般动物间的争斗大多是点到为止，很少出现伤害甚至致死的情况。但是，人类作为最高等的动物，与其他动物完全不同。人类在进入文明社会之前，争斗与动物类似，无伤大雅，不论生死。但是自从人类进入文明社会以来，种内争斗就出现了分化，一般的争斗仍然存在，比如游戏娱乐、体育比赛、健身运动、比武打斗、示威游行等。同时，人类还创造了更残酷的种内争斗形式，那就是生存斗争。生存斗争具有明显的社会化特征：一是人类的生存斗争往往会利用工具和人类的智慧；二是人类的生存斗争会利用群体的力量，出现规模化效应，甚至是国家或民族间的战争；三是人类的生存斗争具有长期性和持续性，是残酷的、要分出你死我活的。如果我们把动物种内争斗比作是在“比赛”，那么人类的生存斗争更像是“决斗”。

所以，“生存斗争”是人类的专利，不应该强加给其他动物。“争斗”是动物的特有现象，但是它们从来不会为了生存而进行殊死争斗，所以“生存斗争”理论不适合于动物。我们要认清这一点，所有动物的争斗在任何时候都不是为了生死本身。处于发情期的雄性动物，性情暴躁，躁动不安，与其他雄性的争斗过程是一种发泄雄性激素的过程，与雌性的交配也是一种发泄雄性激素的过程。当然争斗过程中也难免发生意外情况，如有些岩羊在悬崖上争斗时滑落摔死，还有长颈鹿用颈部互相撞击时，有时会导致死亡。但是，如果我们常年在野外观察就会发现，争斗中发生死亡与争斗的次数或频率相比，只占很低很低的比例，完全可以忽略不计。

“自然选择”学说中所列举的很多物种来自达尔文多年的野外观察，具有真实性和科学性。但是其中更多的实例是来自人类的生产生活实践，也就是来自“人工选择”过程，这些实例的科学性是值得后来的研究者质疑的。“人工选择”就是人类驯化饲养或培植各种类生物的过程。这一过程并非是自然发生的，而是人类强迫产生的。人工选择剔除了物种进化的最主要因素，那就是食物源和物种的天敌，食物的重要性对生物而言是决定性的。人工饲养或培植是由人类为这些动物、植物提供食物、水和养分，保护其安全，同时还为其治病，让这些动植物从此“衣食无忧”，当然也会发生一些器官组织和生理功能的进化过程，最直观的变化就是体形变大，如家鸡就比野鸡体形大很多。而野生动物每天所忙碌和关心的却是这些家养动物所不必费心的——野生动物必须通过自身的努力，才能实现每天有食物吃、有水喝，才能生存下去；而家养生物的进化则完全脱离自然适应进化过程，是人类选择的结果。达尔文以这些人工选择的动植物作为研究对象，必然会引起理论的偏差。

达尔文的“自然选择”学说将适应环境作为物种进化的必备条件，这是科学的且经过实践检验的。但是这一假说中强调的最适者生存，或者说优胜劣汰，或者说成是强者生存，则陷入了片面性、唯心论和循环论证。这一理论强调了个体的优势，忽略了种群的存在，甚至忘记了一点，个体脱离开种群不过是其他动物的盘中餐。个体的优势只有在种群中才能发挥作用，不可能超越种群。我们可以通过一些实例来说明。例如，在非洲大草原上，一只角马被狮群捕食了，达尔文主义者可以解释为这只角马属于不适者，所以才会被捕食掉而遭受淘汰。然而，我们看到的是，这只角马已经存活了十几年，十几年一直活得挺好的，属于适者也是强者。可就在这短短2min后就成为不适者了，是生理功能还是器官组织发生变化了吗？都不是。原因很简单，它只是被狮群捕食掉了。而对于狮群来说，所有的角马不过是自己放养的活食，按需取用，狮群从来不会管哪个是最适者可以生存，哪个是不适者今天可以食用，在狮群眼里，这些角马都是嘴里的肉，吃哪个都行。至于今天准备吃谁，是狮群捕食时临时决定的，哪只更方便伏击，哪只更容易追捕（角马的头部向着狮群所在方向吃草的要相对容易捕食一些，因为角马逃跑时需要急速地转身，这就是狮群找到的机会，可以赢得时间缩短捕食距离，更容易捕食。当然离群的角马更容易遭捕食，离群的幼崽更是如此）。

我们再举一个梅花鹿的例子。梅花鹿非常好斗，它们用鹿角来互相撞击、争斗，相对而言，鹿角越大，体形越健壮，肌肉越发达的成年雄性胜算就越高，而这一切是与其生理功能相关的，其胃口好、消化食物好、食量大等，能够在相同时间内获取比其他个体更多的能量和营养，自然会长得比较健康，身躯健壮，骨质坚硬；同时，这一雄性个体从未成年起就一直在争斗中锻炼、历练，增加肌肉，发育鹿角，增大体形，终有一天可以打败其他对手，成为所谓的强者，当然会拥有更多的交配权，会生育和养育更多的后代。这就是所谓的“优势”。但是从另外一个方面来看却不容乐观，毕竟所有的梅花鹿在食肉动物眼里都是一样的，都是食物。当大型食肉动物追捕梅花鹿群时，这些所谓的强者可能会变成弱者。其原因在于种群内争斗获胜的所谓强者，当然是以鹿角、体形和肌肉来取胜，但是在被捕食而逃生时，要看奔跑速度和急转弯摆脱能力。而所谓的强者，由于体形较大，肌肉发达，体重自然会更大，逃生能力自然会受到体能和器官组织的局限而比其他个体相对笨拙，容易遭受捕食；还有鹿角枝大粗壮，目标更加容易暴露，鹿角本身还会增加头部重量，也是不利的因素；再有逃跑时倘若进入灌木丛或树林，大鹿角很容易发生刮擦，反而会受到拖累。这样看来，所谓的强者被捕食的概率反而会大大增加。

二、象的自然适应进化过程

大象（如图13-3）的自然适应进化历程，主要分为两个阶段：第一阶段，大象的祖先属于体形低矮的哺乳动物类，多以青草、草根为食，与猪属动物具有亲缘关系。由于食物源等生态位遏制作用，其种群的生存策略是进行生态位扩展，将食物源扩展到河流湖泊及沼泽中，在这里水草非常茂盛，逐步地成为大象祖先的主要食物来源，这一阶段大象祖先从陆地生活逐渐地适应了水栖生活，这一时期由于食物源水草丰盛，又没有食肉动物的攻击，生态位压力小，生态位遏制作用微弱，大象祖先的体形逐渐地发育壮大。特别要注意的是，大象利用象鼻这一器官组织来取食，就是这一生存策略的变化，为大象能够向体形增大增高的方向进化提供了基础保障。第二阶段，来自于气候、地质生态位因子的变化，导致大象祖先所栖息的水栖资源枯竭，逼迫大象祖先改变生存策略，寻找新的出路，选择了从水栖转向陆栖生活，这时大象祖先体形已经进化成为大型食草动物，陆地上大型食肉动物已经无法对其进行有效攻击，大象祖先选择在陆上逐草而食，不断迁移，同时寻找水源，保证饮水，有时也会啃食树叶和树皮。这一阶段逐步地进化为现在的大象。

1. 生态位和种群

大象是群居性动物，以家族为单位，由雌象做首领，每天活动的时间、行动路线、觅食地点、栖息场所等均由雌象带领。有时几个象群会群集起来，结成有上百只大象的大群。成年雄象多单独行动，很少结群，它们多在发情季节才聚群。

图13-3　亚洲象手绘简图

2. 遗传理论

大象的水生和陆生生活都会产生进化过程，必然会产生大量基因的获得性遗传。我们没有明确的资料能够证明基因的获得过程，但这并不影响我们研究物种的进化过程。正如之前我们提到的，首先是我们现有的基因分析技术水平能力有限，不能准确地识别出蛋白质反向合成RNA或DNA的过程，这一过程需要生物学家们持续不断地探索和研究；其次，蛋白质反向合成遗传物质的过程是明显的进化过程，只有在进化历程中的特定阶段才能够捕捉到。

在大象的器官组织和生理功能进化过程中，如果只是器官组织或生理功能的增强或减弱过程，大多与生长发育应激响应过程有关，只需要在负反馈调节中，增强或减弱转导信号，就可以控制应激响应过程的持续时间和强度，就能够实现器官组织或生理功能的变化，这一变化只是量的改变，并不会发生质的变化。比如象鼻的进化。

哺乳动物都是高等动物，拥有强大的基因库，具有对各种生态位的适应能力，所以即便当下生态位条件发生改变，它们也能够快速地适应新的生态位，并不需要进化出新的基因。并且，物种体内每时每刻都在进行着大量的应激响应过程，同时，物种在生长发育和生存生活中，会同时有大量应激响应过程发生，并会有大量遗传物质或信号转导物质参与且会同时介导多个应激响应过程，所以，面对新的生态位因子变化时，可能激发出的应激响应过程，只是原有的多个应激响应过程的互相交联、合并、转接等作用的结果，都是对现有基因的直接转录和翻译，并不一定会产生新的基因。

3. 应激响应过程

大象的应激响应过程也是与水生和陆生两个阶段明确相关的。在水生生态位下，由于水这一生态位因子的作用，激发大象在生长发育过程中，不断增强应激响应过程，通过器官组织和生理功能的改变来利用有利的生态位因子和抵制不利的生态位因子。

水对大象皮肤的影响作用，就会促使大象的生理应激响应过程中减弱皮肤毛孔和毛发的生长，更多地增加脂肪厚度，这样就能够抵制水对皮肤的高渗透作用。我们人手长时间浸泡在水里就会出现变白和缩水褶皱这一现象，正是由于人类皮肤的汗腺毛孔发达，作为排汗和调节体温之用，倘若长时间浸泡，就会产生高渗透作用，使得皮肤产生变化。同样，如果大象毛孔汗腺发达，也会产生“泡发”这一现象。所以，大象在适应水生生活的过程中，通过应激响应过程，减弱了毛孔汗腺的生长和发育，抑制毛孔汗腺来调节体温的作用，调节体温是通过厚皮和发达的皮下脂肪来实现的。这是大象抵制泡水这一不利生态位因子而形成的器官组织和生理功能的进化。

大象在水里生活，由于受到水的浮力作用，特别是对于胸腹部具有强烈的“支撑”作用，所以大象才能胃口大开，大量进食，而不会因为食物量过大而使腹部产生压坠感。这也促使大象在应激响应过程中，不断地增强脊部和腹部皮肤厚度。

大象重新回到陆地生活后，主要是为了解决食物源这一生态位因子，但是也带来了诸多不利因素，要抵制这些不利因素的影响，就要在应激响应过程中，特别是负反馈的调节下，削弱这些不利因素影响。譬如，在陆地生活就不可避免地风吹日晒，其他食草动物由于有毛发和汗腺的作用，可以抵制太阳光的强烈直射，用毛孔和汗腺排汗来调节体温，起到降温的作用，同时也能防雨保暖。而大象却由于经历过水生生活而失去了这一优势，反而成为劣势，所以大象的皮肤干燥，容易干裂，这也是生长发育应激响应过程对于阳光直射和干燥高温所产生的应激反应，导致器官组织和生理功能产生变化。大象为了抵制高温、驱赶寄生虫、防止阳光直射皮肤等，在生长发育产生的应激响应过程中，通过不断地增大耳郭尺寸降温，还会产生扇动耳郭的行为等。

4. 生存策略理论

我们先说大象的水栖生活阶段，在这一阶段，大象大多时候在水中觅食，食用水草，其体形器官组织对生态位因子形成利用和抵制的作用非常明显，这一过程与河马和犀牛的进化过程类似。首先从体形外表说，由于大象长期浸泡在水里，为了抵制水浸泡和低温，大象逐渐地进化出厚皮和发达的皮下脂肪，能够有效地保护身体和维持体温，随之大象的体毛逐渐地退化消失，大象的皮肤也变得光滑润泽。

大象的腹、腿和蹄也由于长期浸泡在水中而发生了进化。首先由于水对大象的整个胸腹部会产生巨大的浮力，必然会减轻大象背部骨骼及肌肉对胸腹部的牵引支撑作用，这样大象的身躯总体呈现腰腹圆滚。其次，大象体形巨大沉重，会促使四肢加粗加大如圆柱来支撑巨大的身躯，其膝关节不能自由屈伸则大大加强了腿部的承重能力，大象很少弯曲腿部且多保持直立站立状态。再次，大象蹄部长期处于水下淤泥中，逐渐变得厚实钝化且宽阔，能够抵制陷入水下淤泥中，保持水中行走自如。

大象长鼻可以轻松触及地面，呈圆筒状，伸缩弯曲自如；象鼻全部是由肌肉组成的，鼻孔开口在末端，鼻尖有指状突起，能捡拾物品，可以在水中先卷住后拔起整株水草食用。有时为了进食干净，还可以将拔出的整株水草在水里来回甩动清洗污泥。象鼻是辅助进食工具，对于食用水草起到了至关重要的作用，提高进食效率。而且象鼻这一器官组织对于大象体形增高增大起到决定性的作用，这是通过功能协调性来实现的，大象和其他所有食草动物都一样，不管体形如何高大，必然会保持取食或进食器官（多为口器）

能够接触到地面，以方便取食草类和饮水。而大象采取了不同的生存策略来实现，通过象鼻来配合取食，象鼻能够伸缩弯曲且能够自由生长，并保持轻松接触到地面，就像人类用手来辅助进食，这样才能够向着身躯高大的方向进化。河马就没有这一有益的器官组织，河马向阔嘴方向进化，增加啃食面积，提高进食效率，河马食用水草多以牙齿割草形式食用，很少连根拔起；河马虽然体形巨大，却身形低矮。由此可见，物种的生存策略与其器官组织是相关的。

水生的大象祖先耳朵不会太大，与河马和犀牛相类似。这与水生生活生存策略密切相关，在水中声音的传播速度和强度要大于空气，大象借助耳部和腿部可以方便接收水中或地面传播的声音。所以，耳部并不需要很大，特别是生活在水中的大象祖先并不需要用大耳郭来散热，浸泡在水中本身就可以清凉避暑。同时在水中长期浸泡和取食，水中杂草繁茂盘杂，如果有突出的大耳郭反而会容易引起一些伤害和不便利。

大象的视力退化与水生生存策略完全相关。大象在水中食用水草都是近距离食用，潜入水中时，水面浑浊，影响可见度，导致长期进化过程中眼睛的使用功效降低，视力下降。

我们再来谈谈大象的陆生阶段，这是大象现在的主要生存方式。大象在陆地上生活，仍然表现出“离不开水”的生活习性和器官组织特点。

大象由于陆生时间更长，所以之前润滑的皮肤在失去水分浸润后，变得干燥，使得皮肤开裂，形成皱褶，有的皱褶纹路深达十几厘米。这样容易产生皮肤病，且容易聚集寄生虫，所以大象陆生后改变了生存策略，有时用长鼻吸水喷湿全身来清洁和降温，同时也喜欢在沼泽、泥坑中泥浴，或者将灰土扬洒到身上来保护皮肤，驱赶寄生虫，同时也会寻找树荫来降温，防止阳光直射皮肤，损伤皮肤。

大象选择了陆生后，皮肤失去降温功能，大象逐步地进化出大耳郭，来扇动降温，且耳郭背部有丰富的血管专门用来散热，所以大象的大耳郭正是由于陆地生活的生存策略改变，引起器官组织和生理功能的进化，来抵制高温炎热的不利因素。

在陆地上生活，大象可以用人类听不到的次声波交流，在无干扰的情况下，一般能传播10km。在特殊情况下，大象种群会一起跺脚，产生强大的“轰轰”声，这种方法能传播30km。在信号接收时，大象通过骨骼来传导声波，声波会沿着脚掌通过骨骼传到内耳，而大象脸上的脂肪可以用来扩音，称为扩音脂肪。这一生理功能与完全陆地生活的其他哺乳动物类大不相同，大象在水生生活时所进化出的器官组织和生理功能，当再次回到陆地生活时仍然可以发挥作用。

大象的鼻子在陆地生活中发生了更精细的进化，象鼻中就有大约10万块肌肉。大象长鼻末端有2个指状突起，非常敏感和灵巧。这一精巧结构正是陆地生活中，为了更方便地获取食物而不断进化出来的，如摘取树上的果子或拾捡地上果子等，就显现出这种器官组织的优势。

大象的尾巴并不长，顶端有毛刷。与长颈鹿类似，尾巴的质量与全身体重相比是下降的，这是由于大象体形巨大，食肉动物已对其构不成威胁，所以其奔跑速度慢，即便需要平衡身体也会通过灵巧的长鼻来调整。最重要的是大象运动缓慢，很少做大尺度动作。这样尾巴在运动中平衡身体的功能性完全消失，只专注于拂蝇刷寄生虫。

大象种群生存策略有很多。大象在陆地上生活，但离不开水源，种群在迁移过程中要不断地寻找水源。大象嗅觉变得异常灵敏，能够嗅出几千米外的水源，甚至大象还能自己掘地取水。正是源于灵敏的嗅觉，增加了生存能力。成年大象耐渴能力特别强，但是随群的小象忍耐能力要差一些，倘若长时间缺少水源，可能会导致小象因缺水而中暑，甚至死亡。

在陆地生活中，为了在长途跋涉中能够哺乳小象，大象选择了一种超常的生存策略，那就是不仅小象母亲可以分泌乳汁，其他母象也能分泌乳汁，可以一起喂养小象。这是一种种群生存策略。

5. 大象自然适应进化理论总结

大象的生态位变化过程，经历了陆地生活→水生生活→陆地生活，这种明显的生态位变化，必然会激发大象的应激响应过程，从而产生明显的器官组织和生理功能改变，进而产生进化。

三、北极熊的自然适应进化过程

北极熊（如图13–4）的身体大且粗壮，雄性体重要远比雌性大，与棕熊相似，只是棕熊没有肩部驼峰。北极熊的头部相对较小，耳小且圆，颈部较细长。北极熊每只脚有五个脚趾，爪子不可缩回。前爪大而呈桨状，适合在薄冰上行走和游泳。

北极熊是由其近亲棕熊演化而来的。

图13-4　北极熊手绘简图

1．生态位和种群

北极熊是一种能在极端恶劣环境中生存的动物，其生态位遍布北极地区，特别是有浮冰的海域。随着冰的融化和海水结冰，北极熊将会不断地迁移。

北极熊可以全年捕猎。但是，到了夏天随着海冰融化，北极熊被迫在陆地上捕食和生活，由于捕获的食物量有限，多以储存的脂肪为能量来源，直到海面冻结。

北极熊会捕食鲸鱼，经常只吃掉鲸脂而丢弃猎物，这是由于鲸脂的高热量值对于北极熊保持绝缘脂肪层和在食物稀缺时储存能量有益。北极熊食量相当大，一次可以食用上百千克的食物。北极熊还会捕食海豹、海象等，也捕食海鸟、鱼类、小型哺乳动物，有时也会啃食腐肉。在夏季，北极熊在食物匮乏时还会吃浆果、植物的根茎或者海草等。

2. 遗传理论

北极熊与其近亲棕熊从整体的器官组织和生理功能相比，差异并不算很大。它们的不同更多地表现在对环境的适应上，因食物、生育和环境条件等的影响作用，部分器官组织发生了变化。其基因相似度非常高，而且并没有发生完全的生殖隔离。北极熊刚出生的幼崽与其近亲棕熊幼崽高度相像。所以，北极熊器官组织和生理功能的变化更多地是来自应激响应过程。北极熊的基因获得性并不是很突出。

3. 应激响应理论

生物学家们已达成共识，北极熊是由棕熊演化而来的。在短短的几万年时间，发生如此大的进化。这里起到最主要作用的是应激响应过程，北极熊与其祖先并没有发生巨大的器官组织进化，也没有发生特别的生理功能进化。器官组织和生理功能的进化是可以通过生长发育中的应激响应过程来完成的，这一过程与生态位因子密切相关。

北极冰雪天气和极低的温度对其他生物而言是极端恶劣的，但对于北极熊而言，在冬季食物源相对更加丰富，特别是在海豹的生育季节，更为北极熊提供了丰盛的食物。北极熊通过不断增大进食量来增加皮下脂肪的存储量，从而有效地抵制了低温和食物匮乏的不利影响。北极熊的捕食非常高效，依靠灵敏的嗅觉就可以大范围地搜索食物，同时依靠器官组织的有利特点，通过伏击或主动出击捕猎。

4. 生存策略理论

北极熊的视力和听力比较差，这是由于长年生活在北极冰雪皑皑的环境中，视力和听力得不到任何有效的利用，逐步退化。但是，其嗅觉却极其灵敏，可以捕捉到方圆1km或冰雪下1m的食物气味。

北极熊皮肤呈黑色，可从北极熊的鼻头、爪垫、嘴唇以及眼睛四周的黑皮肤看出皮肤的原貌，黑色的皮肤有助于吸收热量，这又是保暖的好方法。北极熊的毛是无色透明的中空小管子，缺乏色素，外观上通常为白色，白色的外观是光线从清晰的发丝中折射出来的结果。这是由于北极地区冬季长年被冰雪覆盖，冰雪会反射太阳光，对北极熊形成全身的阳光照射，特别是强烈的紫外线照射，所以皮肤颜色变深是为了保护皮肤抵制强光和紫外线照射。但在夏季可能会因氧化而呈淡黄色，甚至可能呈现棕色或灰色，这取决于季节和光照条件。

北极熊的生存策略主要体现在捕食方面。它们总是很有耐心地守候伏击猎物，有时它们会在冰中找到海豹的呼吸孔，然后等待海豹浮出水面将其杀死；有时当海豹在冰面上晒太阳时，它们会通过气味跟踪伏击猎物；有时会在海豹逃生路线上守候并伏击猎物；等等。此外，北极熊也会主动搜索海豹，特别是在厚厚雪层下的海豹幼崽，北极熊通过站立后猛地用前爪踩踏雪层，然后挖开洞穴，捕食猎物。

北极熊的繁殖率在所有哺乳动物中是最低的，但是养育时间却是相当长的，一般会照顾幼崽二三年之久。母熊会在怀孕期间生活在洞穴中，里面有大量的草来保持温暖。在此期间，母熊会处于一种低能耗状态，类似于冬眠，依靠从毛皮下的脂肪层吸取养分存活下来，一直能持续半年多，直到幼崽长大能够跟随其一起捕食。这与其他物种的熊有所不同，其他熊冬眠是由于冬季食物缺乏所致。而北极熊冬眠则是生殖养育所采取的生存策略，北极熊要照顾幼崽直到它能够独立捕食为止。由于北极的极端气候食物分布不确定，需要长时间搜寻捕食，同时可捕获的食物大多体形较大。所以，幼崽要依赖母熊的养育过程，很多时候需要依赖母熊的脂肪储存量。

5. 北极熊自然适应进化理论总结

北极熊的进化过程，最主要是受食物源的影响。有很多动物在冬季来北极进行栖息和繁衍。所以，北极熊正是利用这一有利的生态位因子，获取充足的食物。

自然适应进化理论不仅可以解释过去，还能预测未来的进化方向。假如北极随着全球气候变暖，冰盖缩减，导致北极熊的食物来源大幅减少，北极熊可能还会向南进发，回到原始祖先棕熊的生态位，那时其毛色还将会回到深颜色。到那时冬季来临时，由于食物资源匮乏，仍然会像其近亲棕熊那样再次进行冬眠。这是可以通过应激响应过程来实现的。

四、企鹅的自然适应进化过程

1. 生态位和种群

我们以南极帝企鹅（如图13-5）为例来说明。帝企鹅属于鸟类，却不会飞，栖于南半球。企鹅喜欢群栖，一群有几百只、几千只，甚至可达几十万只。主要食用甲壳类、软体动物和鱼。一只企鹅平均每天要吃近几千克的食物。

企鹅的祖先是一种留鸟，在南半球的海水中能够找到食物。其体形与鹭等相似，不能直立行走，因体形小，食物需求量也较小，通过短时间的潜水就能够获得充足的食物，在这里它们完全占有这个生态位，没有种间竞争。其主要的生存策略就在于潜入水中快速游动有效地捕获食物。随着食物源的迁移和洄游，企鹅会跟随食物一起迁移，所以其中一个分支进化成为现在的帝企鹅种群。

图13–5　南极帝企鹅手绘简图

2. 遗传理论

企鹅从飞行的鸟类进化为水生的鸟类，器官组织和生理功能发生了很大的变化，但是生育方式并没有发生改变，仍然为卵生孵化生育方式。企鹅在进化过程中必然会获得大量遗传基因，这些基因的获得使得企鹅幼鸟在生长发育过程中，尽可能快速地适应寒冷的气候，加快羽毛的换装，也为适应潜水快速游动捕食创造条件。

3. 应激响应理论

企鹅小宝宝在出生后身披细细的绒毛，颜色呈浅灰色，需要长到一定时候，身体的绒毛褪去长出硬羽后才能下到海中游泳捕食，逐渐地走向独立生活。这就是应激响应过程——企鹅小宝宝在生长发育过程中，由于体内脂肪的不断积累，保温抗寒能力逐渐增强，出生时的细绒毛会逐渐地褪掉，长出成年个体的硬质羽毛。

企鹅短小的颈部和流线型体形，以及腿部可以完全伸向后方，这些都是长年潜水和快速游动所导致的。这是由于海水本身产生的压力以及水产生的阻力，会在生长发育过程中诱发应激响应过程，会调整器官组织的构造，脂肪在皮下的分布，不但可以保温，还能够塑形，形成流线型体形，这与海洋中生存的大型捕食类动物相类似，都是呈流线型体形。企鹅快速游动过程中，翅膀逐渐进化成为桨叶，可以快速地摆动划桨，同时腿和尾部的上下摆动也能产生向前的冲力，这两种器官组织的配合，能够让企鹅实现在水中快速转弯。

4. 生存策略理论

为了保持潜入水中后能快速游动，有效地捕获食物和御寒取暖，应激响应过程使得企鹅的羽毛进化得坚硬、光滑，就像一件潜水衣。企鹅羽毛密度比同样体形的鸟类大3至4倍，羽毛的作用是调节体温。企鹅独特的耐寒身体构造，就好像是穿着一身多层复合的“防寒保温服”，从外到里，第一层是厚密的“羽绒服”，企鹅的全身都均匀地布满了羽毛，这些羽毛不会老化脱落，而是被细密的新羽毛推出。这样，新羽旧毛重重叠叠、密密实实，能够包住大量的气体，甚至连无孔不入的海水都难以渗透进去。第二层是脂肪层，分布在皮下，厚达3cm。第三层是一层网，企鹅体内的血管像一张奇妙的网，从心脏流出的血和流回心脏的血温度基本相同，使体内的温度能保持不变。

随着适应性的增强，企鹅潜水时间越来越长，而且游泳的速度越发快速，获取的食物量在不断地增多，企鹅祖先没有其他猎食动物的生态位遏制，所以体形逐渐增长，质量增加，翅膀和肌肉的飞行力量与体重的比例逐渐失调，慢慢丧失了飞行的功能。随之，其翅膀和尾翼不断地退化，向适合潜水和快速游泳的方向进化，这种特征配合有如两只桨的短翼，使企鹅可以在水底潜行。随着食物量和体重的增加，尤其从水中爬上冰层，再到陆地上，企鹅难以保持身体平衡，所以更多地采取直立行走的方式，其尾部逐渐地起到支撑的作用，直立行走方式也使得腿部逐步地向躯体的后方生长，这和人类直立行走下肢的进化有所类似，进化出脚掌，便于行走和支撑，脚掌骨骼坚硬，短且平，其脚掌对冰面的附着力是其他动物所无法比拟的。企鹅在陆上行走时，行动笨拙，脚掌着地，身体直立，依靠尾巴和翅膀维持平衡。遇到紧急情况时，能够迅速卧倒，舒展两翅，在冰雪上匍匐前进；有时还可在冰雪的悬崖、斜坡上，以尾和翅掌握方向，迅速滑行。脚趾也不断地进化，与鸟类的爪完全不同，修长能够弯曲且锐利，这主要在于对冰面的抓着能力，尤其是从水下爬上冰层时起到很重要的作用。这些都是在自然适应进化过程中为了潜水捕捉食物而形成的特殊器官组织。

企鹅潜入水底后，双眼的盐腺可以排泄多余的盐分。企鹅双眼由于有平坦的眼角膜，所以可在水底及水面看东西。双眼可以把影像传至脑部作望远集成使之产生望远的作用。这也是在自然适应进化过程中为了潜水捕捉食物而形成的特殊器官组织。

随着海狮、海豹等进入企鹅祖先的生态位，并捕食企鹅，对企鹅的生存构成了威胁，企鹅在进化过程中也形成很多捕食和防御方面的生存策略机制，比如在下水前有些企鹅会将同伴先推下水，或者通过“下绊”让同伴落入水中，一个最主要的思维意识就是让它们试一下冰层下面是否有猎食动物潜藏，以保证自身安全。

当气温下降到-10℃时，企鹅会把热量消耗降到最低点，从而节省和保存大量的热能。如果气温再往下降，它们就成千上万只紧紧地挤在一起，形成一床巨大的“保温被”，使身体周围的温度能保持在23℃左右。这是一种“抱团取暖”的种群生态策略。

本研究一直在强调种群和种群的生存策略，有不赞同者认为，企鹅几百只的小群也可以在南极生存繁衍，甚至有人认为企鹅是由两只企鹅祖先进化来的，后来才逐渐形成种群。这里不得不加以说明，企鹅小群体生活在南极同样会面临目前所面临的所有问题，在海洋中会遭受大型食肉动物的捕食，这要看这些大型食肉动物的种群规模和种类，如果种群数量比较庞大，那么企鹅被捕食掉的也将是一个大的数量级。而且我们知道企鹅是严格的双亲家庭，双亲孵卵，一旦雌或雄企鹅被捕食，那么另外一只只能放弃今年的孵卵而被迫出去捕食，否则会被活生生地饿死。在陆地，也有小型陆地食肉动物会偷食企鹅卵和企鹅幼鸟，一些生活在南极洲的大型鸟类也会偷食企鹅卵和企鹅幼鸟。总体来讲，企鹅幼鸟成活率并不高，并且幼鸟长大后进入海洋觅食，还会遭到海洋捕食者的猎杀，能够活到成年的企鹅幼鸟少之又少。试想一下，如果企鹅种群规模太小，就几百只，在不断遭到猎杀后，种群规模会不断地缩小，直到完全灭绝。

5. 自然适应进化理论总结

本研究一直强调，物种进化过程最主要的生态位因子就是食物源，只要有稳定充足的食物源，就会诱导器官组织和生理功能的变化，导致物种发生进化。各种鱼、虾等海洋动物是由于南极洲附近的火山等地质变化，产生洋流，为这些生物提供了丰富的微生物食物源，所以会来到南极附近觅食。而以各种鱼、虾等为食的企鹅祖先也是逐食物而生的。由于企鹅是鸟类，不能长时间潜于水下，同时企鹅也有天敌，如海狮、海豹、鲸鱼、鲨鱼等，所以不宜长久待在海洋里，南极的冰盖为其提供了最好的庇护所，企鹅向冰盖陆地进发几千米后就完全安全了，因为没有海洋捕食动物能够在陆地上行进这么远的距离。虽然南极陆地除了常年积雪一无所有，但是企鹅依然可以利用这片土地繁衍生息，这就不得不提到雌雄企鹅轮流孵卵的生存策略。如果企鹅没有在应激响应过程中形成这种适当的行为，那么就不可能将生态位扩展到南极，也就无法实现自然适应进化。

由此可见，任何进化过程都是种群对生态位的适应过程，在对食物源和生育繁殖环境适应的过程中，必然形成各种种群生存策略，物种会在生存策略的逐步实施过程中，产生器官组织和生理功能的应激响应，通过负反馈的形式来检验生存策略的实施，经过长久的性状积累过程，产生器官组织和生理功能的进化，同时遗传物质也会反向合成形成新的基因，以便让后代直接获取相应的器官组织和生理功能，在生长发育的应激响应过程中有效地实施生存策略，从而生存繁衍形成新的物种。

第六篇

人类起源和自然适应进化过程

第十四章　传统学说及化石证据

人类起源传统学派认为，人类是从古猿进化而来的。人类的最早祖先起源于非洲。整个非洲大陆原先覆盖着一片森林，在大约距今1000万年前开始，东部下面的地壳逐渐发生变化，沿着从今天的坦桑尼亚、肯尼亚、埃塞俄比亚到红海一线裂开，使肯尼亚和埃塞俄比亚东部的陆地上升，形成海拔270米以上的大高地，在东非形成了从北到南的一条长而弯曲的峡谷，深达几百米，叫做东非大裂谷。大裂谷的形成改变了非洲的地貌和气候，以前从西到东一致的气流被破坏了，隆起的高地使东部的地面成了少雨的地区，丧失了森林生存的条件，连续的森林覆盖开始断裂成一片片的树林，形成一种片林、疏林和灌木地的镶嵌生态环境，东西动物群的交往也受到了阻碍。

在20世纪60年代，荷兰阿姆斯特丹大学的生态学家科特兰特（A. Kortlandt）就提出了人和猿在非洲的隔离是由于东非大裂谷形成的假设。1994年5月，法国的古人类学家柯盘斯（Yves Coppens）发表文章说，距今300万年以前的人科化石的发现地，都是在大裂谷东边的埃塞俄比亚、肯尼亚和坦桑尼亚，没有例外；而在这个时期，这个地区却没有发现任何有关大猩猩和黑猩猩的化石。他的解释是，裂谷形成以后，西边由大西洋来的气流照常带来雨量，而东边则由于上升的高原西缘的阻碍，形成季节性季风。因而原先的非洲广大地区，分为两种不同的气候和植被。西边仍旧湿润，而东边则变得干旱；西边保持着森林和林地，东边则成为空旷的稀树草原。由于这种情况产生的压力，人和猿的共同祖先也发生了分化。西边的较大居群的共同祖先的后裔适应湿润的森林环境，成为两种大猿；而东边的较小居群的共同祖先的后裔则相反，出现了一种全新的对空旷环境适应的新物种，成为人科成员。

从400多万年以来的人类化石来看，虽然其间还存在不少空缺，但从已发现的人类化石来考证推测人类进化过程，可将人类的进化分为四个阶段，即前人阶段、能人阶段、直立人阶段和智人阶段。

一、前人阶段

以南方古猿化石为代表，因此也叫南方古猿阶段。南方古猿化石最早是1924年在南非北开普省汤恩附近发现的。化石是一个小孩的头骨，由达特（R. Dart）教授进行了研究，他看到这个头骨很像猿的，但又带有人的不少性状，脑子虽小，但一些性状比黑猩猩的脑更为像人，颌骨上的臼齿也与人的相似，从头骨底部枕骨大孔的位置判断，头骨的所有者是两足直立行走的，于是1925年他发表文章，认为它是真正的猿和人之间的类型，是人和猿之间的“缺环”，定名为南方古猿。可是它究竟是人还是猿，引起了人类学界激烈的争论，因为当时人类学界一般都认为大的脑子才是人的标志。

南方古猿的外貌像猿，脑容量达680mL，身体矮小，在1.2—1.3m之间。这个时期的人类已具有现代人的基本特点，南方古猿的齿弓与人相近，即约呈抛物线形，它的犬齿较小，形状近人而不像猿；门齿也比现代人的小；头骨和脑颅部分比现代猿的圆隆，颅顶较高。枕骨大孔位置在脑颅的下面，朝向下方，表示颈部是垂直的，说明是使用两腿直立行走而不是四足爬行或半直立行走的。

南方古猿的髋骨宽而短，与人的相似，也明显证明它能直立行走。脚骨基本上是人的结构，但比现代人的原始，如其中趾特别发达，大趾不如现代人的显著，身体的质量可能主要由中趾承担，而现代人则大趾居于主要的地位。

后来在南非发现了更多的这类化石，在非洲其他地方也有这类化石发现，特别是在东非，经过多方面的研究，直到20世纪60年代以后，人类学界才逐渐一致肯定它是人类进化系统上最初阶段的化石。

南方古猿化石可分为两种类型：纤细型和粗壮型。纤细型进一步演化成下一阶段的能人，粗壮型则在距今大约100万年前灭绝了。

二、能人阶段

能人化石是1960年起在东非坦桑尼亚的奥杜韦和肯尼亚的特卡纳湖岸的库彼福勒陆续发现的，最早的年代是距今240万年前，脑子扩大了，开始能用石块制造工具（石器），以后演化成下一阶段的直立人。

由于各地的能人化石，特别是头后骨骼的化石有很大的变化，从而发生了这些化石究竟是一个种还是两个种的问题。

1991年，英国的伍德（B. A. Wood）从各个方面检查了有关能人的全部材料，提出能人化石不是一个种。他认为奥杜韦的化石属于能人种，而库彼福勒的化石，一些属于能人种，另一些则是另一个种。这两个种都处于最原始的人属水平。

无论能人是一个种还是两个种，它都进一步发展成直立人了。能人阶段已发现的化石比较少，所以它变化的快慢现在还不清楚。

三、直立人阶段

直立人化石最早从19世纪末在印度尼西亚发现爪哇猿人开始，引起了是人还是猿的争论。从20世纪20年代后期起，在我国北京房山区周口店陆续发现了北京猿人的化石和石器，北京猿人生活于50万—60万年前，高约1.6m，眉脊粗壮，嘴部突出，类似于猿。他们过着群居生活，以采集植物性食物为主，以狩猎为辅。这个时期的人类，已经能制造较为进步的旧石器，并且已经开始用火。这些化石证据确立了直立人在人类进化史上的地位。

从现有的资料来看，直立人最早在距今接近200万年前出现，随后发现于亚、非、欧各洲，他们之间的相互关系，现在还不清楚。这个阶段的人类持续了很长时间，直到距今40万年前。在这漫长的时间里，他们的形态变化不太大，总的来看是处于一种停滞状态，就他们制作的石器来说，也没有很大的改进。

四、智人阶段

智人从距今10多万年前开始，其解剖结构已和现代人相似。智人的脑量更大，在1300mL以上，体质形态比直立人进步，逐渐与现代人相似而发展成为现代人。这个时期的人类已逐步脱离了猿的性质，与现代人很接近。这个时期的人类化石，最早是在德国的尼安德特河谷发现的，称为尼安德特人（简称尼人），其脑量已和现代人差不多，能制造石器，还能人工取火。

这一传统学说理论成为现代主流的人类起源学说理论，但是随着遗传学的发展，不断地对依靠胚胎学、化石、比较解剖学为理论基础支柱的传统进化学说形成强有力的冲击，使得传统学说理论的立足点越来越不能被人们所接受，这就迫使生物学家们重新寻找人类起源进化的途径和证据，这也成为永久性的科学难题。

第十五章　人类起源进化的新假说

远古人类在生存竞争方面，有很多生理上的不利因素。比如，远古人类没有任何有效的安全防护（防捕食）器官组织，同时远古人类的奔跑速度又非常有限，远远比不过食肉动物的奔跑速度，如果远古人类要在地面上觅食进行生存生活，那么在安全防护（防捕食）方面就处于明显的劣势；再如，远古人类每天必须获取足够的淡水饮用，这是必须要解决的生存问题；此外，远古人类的生殖和养育周期比较长，幼体达到成年需要养育10多年，这就必然需要母体对幼体的长期养育。这些不利因素都是远古人类的致命弱点，在捕食、取食、饮水和居住中都可能遭受到食肉类动物的攻击。远古人类之所以能够生存并延续至今，正是获得了几个最明显的生存策略并将其发挥到极致，转化成为人类生存的优势，使得人类能够更好地适应生态位环境。

一、群居是远古人类进化的基础条件

远古人类穴居结群的生活方式强化了其内部凝聚力，有良好的秩序，有明确的规则，分工协作意愿强烈，协调有效。依靠群体的力量来生存，群体有效的分工协作增强了生存适应能力，远古人类的结群性远远高于蜜蜂、蚂蚁、狼、豺等，这是因为远古人类不仅有语言，还具有较高的智慧。远古人类还可以以群体力量来有目的地饲养动物和种植植物，作为食物来源。

二、直立行走是远古人类进化过程中最关键的环节

远古人类由于长期生活在开阔地带，为了能够及时地发现敌情，常需要直立起来探听周围环境情况，很像现代的兔子、袋鼠等的行为方式。远古人类在行进时也常常会直立起来观察周围情况，这是由于地面的草丛茂盛，虽然容易隐蔽却阻挡视线，这会让远古人类形成一种行为习惯，而不断地站立令后腿部肌肉粗壮有力。

在山洞生活中，远古人类也会像猩猩那样用臀部坐立，来进食或修理工具，甚至是玩闹，还有上山下山时的前俯后仰，使得平衡感逐渐增强，前肢的灵活性也增强了，远古人类在行进过程中减少对前掌的利用，逐渐地将其解放出来，直接用来拿工具、运送食物和搬运猎物等。与远古人类相似的一个例子就是熊类。熊类的前肢非常灵巧，能够爬树和游泳，可以捕鱼、挖掘地面食物、采摘树上的果实，所以在长期的自然适应进化过程中，熊也能够完全直立行走，能够将前肢解放出来配合口部来撕咬食物或搬运重物，也可以用前肢来制作简单工具——这是动物进化较为典型的例子。

远古人类的前肢不再作为支撑和运动的器官，前臂骨转动很灵活，旋后肌特别发达。手部最大的特点是拇指相当发达，其他

指也较长，而且末指节稍稍增宽变扁，与其他各指相对握的动作十分灵活，这是不断自然适应进化的结果。在杂草、山石上行进会使得脚掌逐渐地增生肥大，在长期进化中演变成较短的脚趾，脚板逐渐长得宽阔，从而成为支撑和运动的器官。直立行走必然会使腿部独立承担全身的重量，这就使得下肢肌肉和骨骼功能协调性地增长粗大，人的下肢几乎占到身长的一半，粗重的腿脚使身体的重心下移，增大直立时身体的稳定性。在直立姿势下要求膝关节和髋关节保持着伸直的状态，这就要求这两个关节周围的肌肉强劲而有力地共同协作。远古人类的脚有很多显著特点，主要是具有足弓，拇趾特别大并和其他四趾并列。这主要是在侧承重、转弯或踮脚时起重要的作用。远古人类的足弓对于在直立行走时增强弹跳力，减少振动能起一定的缓冲作用。

远古人类尾巴的消失主要是由于穴居、直立行走和长期坐卧等造成的。直立行走导致奔跑速度大大降低，同时上臂的摆动可以在奔跑中调节身体平衡，所以尾巴的平衡功能失去作用，在自然适应进化中完全退化了。

远古人类头部器官组织是在生长发育过程中向重力方向较多的发育，而缩减横向的发育，这也使得五官发生很大的变化，嘴部缩回，鼻梁隆起，鼻尖发达，鼻孔朝下。突出面部的鼻部，在用鼻呼吸时使冷空气经过弯曲的鼻腔，可以得到加温。

三、工具的使用是进化过程中巨大的飞跃

远古人类在自然适应进化过程中实现对工具的利用，这是巨

大的飞跃。远古人类能够利用工具来捕食和防御是与远古人类的智慧能力发展进化密不可分的。

远古人类对工具的利用最先是在防御和捕食方面。

远古人类也需要狩猎，然而远古人类并不善于奔跑，也没有强有力的捕食器官组织特点，包括体形特点、牙齿等，这就迫使他们利用一些简单的工具来协助狩猎，远古人类最先利用的工具可能是骨头、石头和树枝等。树枝对于他们来说非常熟悉，因为他们攀树取食常常也会用到树枝。而石头在他们生活区域内到处都是，石头可以打磨成各种形状，方便使用。还有骨头类，主要来源于食草动物风干的残体，远古人类可能拖回来用作工具，尤其是将骨头劈裂开后，骨头会产生角、隙、棱等，可作为很好的捕食和防御武器。有了工具，远古人类可以围捕食草动物，同时在捕猎过程中也能防止自身成为大型食肉动物的猎物。

狩猎工具的使用为远古人类群体外出狩猎提供了可能，并且可以用器物盛果实、种籽等回洞穴里食用或养育后代，这样就能保证一年四季都能够在这里生存下来。这是其他动物类都难以做到的。

远古人类利用工具保护自身安全，同时也提高了获取食物的能力，包括狩猎和种植，人类的生存劣势转化成了人类的生存优势。事实上，很多动物也都能够简单地利用工具，但人类是最成功的例子，看看今天的机器设备、交通工具、通信设施等都是人类智慧的结晶。

四、火的使用是人类标志性进化的里程碑

火可以在冬季用来取暖，最主要的是可以用来炙烤食物。远古人类捕获猎物后，群体内分食就要用到工具，以当时的工具使用水平分解生肉会相当困难，但是烤熟后就更容易撕开给群体成员食用。冬天储藏的猎物再次食用时可以通过烧烤加热，这样寒冷的冬季可以避免每天出去觅食。收藏或取回的冰块可以融化后饮用，这样就能够比较容易地解决冬天和春天的食物和饮水问题。用火炙烤食物，这是生存策略的重要转变，必然会引起远古人类器官组织和生理功能的协同进化——不再需要用力撕咬肉食，籽种类也可以烤来食用，减轻咀嚼负担，最直接的就是口腔和牙齿的变化，食管、胃及胃内菌群等的变化。烤熟食物的营养物质更容易被吸收，也更容易转化为能量，自然对进食的频次依赖程度降低，有更多的休息时间，更多的制作工具的时间，同时体形也会逐渐地向大型化方向进化。

火的使用对远古人类语言的产生也有重要的促进作用。远古人类对食物采用火烤后食用，能进行有效的咀嚼，这样进食的食物糜团会变小，咽喉部、食管等适应性地直径减小，便于喉部结构进化，利于气流呼出时发声。其他食肉类动物由于生食大块肉食、皮毛或骨头，所以咽喉部、食管等要保持较大的直径尺寸，呼出气流产生的声音大多是粗声的吼叫或号叫。

五、洞穴居住是人类进化的最佳生存策略

远古人类选用天然洞穴居住是最佳的选择，主要是为了躲避敌害、遮风避雨、驱赶蚊虫、躲避严寒酷暑、储藏食物、生育和养育后代等。只有选择洞穴居住才有可能实现对火的利用，特别是早期没有打火工具，只能靠雷击产生的火或太阳直射导致干旱引起的野火，远古人类将火种引入洞穴内添加木枝、木棍、柴草等保持一直的燃烧，而且能防止被雨水、雪等浇灭。

六、语言和手势的产生及大脑容量的增加为人类进化奠定了基础

远古人类为了能够协调种群内行为和相互间协作，从简单原始的号叫声向更复杂的语言进化，尤其是在捕食过程和防御敌害过程的协作中，更需要用各种不同声调的声音来协调行动，同时也会用不同的手势辅助协调行动，以此来完成组织、分工、协作、警戒、转移等群体行为，在几百万年的进化过程中逐渐形成用不同声调和语调来表达不同的语意内容，直到产生了真正的语言。语言的产生是人类进化史上最重要的一环。

在长久的进化发展过程中，远古人类能够用一些固定的声音来表达固定的意思，并且整个种群都能完全接受和认可，成为生活中必要的通信联系方式。语言发展进化过程中最重要的是喉部和声带的进化，喉的器官组织特点也经历了特殊的发展

进化过程，喉包括一系列软骨、韧带和肌肉，人喉杓状软骨内侧缘平滑，可免声音嘶哑，人的声韧带比猿类的结实和粗壮，但较短，深深地陷入喉腔，位置水平，边缘圆钝，因而能消除与基调显然不同的泛音。人喉的位置较低，会厌软骨上缘位置相当深，在舌根附近。这样增大了腭帆和喉入口之间的距离，使由喉冲出的气流更易进入口腔，提高口作为共振器的作用，并使声音经过口腔内的舌、唇、齿的加工，更加多样化。

随着语言的进步，也使得人类大脑激发的生存策略日益复杂，需要记忆的东西或需要处理的信号会越来越多，需要表达的意思也越来越多，这样在自然适应进化过程中会促使人的大脑容量不断地扩展增加。

人类的大脑很大，现代人的大脑质量大多在1100—1500g之间，男人比女人稍大。大脑的发达并不完全表现在质量和体积的增加上，更重要的是表现在内部结构的复杂化上。不但感觉方面的机能定位很细，运动方面也是如此；而且人类能用语言进行交流，说话、写语句和听懂话、看懂语句是很复杂的过程，牵涉整个脑子的功能。

通常其他哺乳动物在出生后的很短时间内大脑就停止增长了，而人类在出生后的较长时间里其大脑仍然保持着增长，促进了脑的发达和智力的提高。远古人类发育期的延长则加长了父母照料其后代的时间，对后代的哺育和照料期的延长意味着幼儿可以从父母那里获得更多的本领和知识。

上面六个主要的生存策略是相互作用、互为促进、互为条件、互相补充、缺一不可的。

本书赞成人类的起源是多地域起源这一假说。

原猴亚目是比类人猿亚目要原始的另一类灵长目动物。在晚白垩纪地层中发现的原猴化石，断代在6500万年前，是已知最早的灵长目化石。这时正值恐龙生活的末期。

在恐龙灭绝后，哺乳动物和被子植物进行生态位扩展的新生代，这段时期由于大中型食肉动物还未盛行，主要是食草动物从体形较小向体形较大方向发展进化。在大约4000万年前出现了最早的类人猿，类人猿也正好借着这个窗口期进行了生态位扩展，引起快速大进化，种群遍布地球。类人猿有相对大的脑，相当扁平的面部，两眼朝前，并被骨质的眉脊所保护。和原猴相比，类人猿更多依靠视觉，更少依靠嗅觉；手的操作能力也有所增强。

类人猿中一些种群把生态位扩展到了稀树草原地区。由于可以利用的生态位较少，树木稀落且间距大，没法利用树木来栖息和躲避敌害，特别是随着体形增大和成员增多，还常会受到天空和地面上的食肉动物的猎食，这些类人猿种群只能选择在一些地理地势上较为特殊的地方藏身，所以它们更愿意选择山脉上的洞穴，且接近充足水源的地方。这样利用山脉作为天然屏障，在洞穴可以栖身和躲避敌害。最终发展进化成为古猿。古猿种群一直以来就是以结群的方式生活，群体合作、工具和火的使用、分工协作，可以在捕食、取食和饮水时抵御其他食肉动物的猎食。语言和手势成为群体交流的有力工具，古猿不断地进化发展成为人类。

在人类进化过程中，生存策略的传递速度要比基因交流的传递速度快很多且效率更高，而且生存策略的扩散范围要更广泛，因为人类的智慧发展进化对生存策略的传递速度和范围起到很大的助推作用。古猿进行生存策略传递如通过模仿和学习等方式，但是传递需要地域相邻，传递空间受限，辐射扩散传递过程中时间跨度大；但是远比基因交流的传递速度快，基因交流需要个体成员的长大成年，交配，生殖，养育，直到子代成长为成年个体，子代才能够进行基因交流，时间跨度更大。自从人类进入文明社会，有了文字记载，生存策略的传递便可以跨越时空进行传递，生存策略借助文字记载工具可以进行无限复制和传递；基因交流则会随着人群地域间频繁流动来进行，但是远低于生存策略的传递速度和传递范围。现代人类更是借助互联网络和移动通信，实现生存策略的传递可以以分钟来计算，能够迅速传递到全球各个角落；而基因交流则要慢很多，特别是跨国婚姻相对更难，数量偏少。生存策略的传递速度代表着人类趋同进化发展的速度。自然适应进化就是基于生存策略的传递，从而实现物种的快速进化和趋同进化，人类进化就是特殊例子；而基因交流则是一种辅助的进化途径且效率相对较低。

人类的起源地有多个比较适宜的地域，如非洲、西亚、南亚和东南亚、东亚，这些地域古猿完全能够获取前面提到的几个必备的生存策略条件，可以各地域平行进化成为人类。在人类进化过程中，生存策略会不断地在地域间进行传递，基因交流也会随之进行扩散，人类的进化并非封闭进行的，而是开放式的进化过程，促进着人类的趋同进化进程。随着人类的进化发展，生存策略的传递速度会越来越快，基因交流也越来越广泛，因而人类的不同种群平行进化并未形成生殖隔离，而是体现出共同进化发展的趋势。

第十六章　地质化石和大进化

化石是极端自然条件下留下的历史物证，其最直接的作用只能证明曾有化石标本中的生物生命在这里生存繁衍过，而决不能就此推断出与其相近的动物就是由其进化而来的，也许这个化石标本只是这个物种类在进化过程中的一个旁支而已，既然史前曾经发生过重大的灾难变化，也许这一支生物在这里已止步，已完全灭绝。现在生活在地球上的动植物资源非常丰富，但是地质学家和博物学家又有多少次机会能够采集到现代人生命的化石标本（虽然人类进入奴隶社会后有了墓葬风俗，保留下来很多骨骼标本，但是很少有化石），可以说几乎没有。那么，对于远古时代的动物类，尤其是正常死亡后或被捕食后的身体残骸，经过自然腐化风化几乎全部都不复存在了，自然能够留下的化石更是微乎其微。

一、地质化石的局限性

首先，化石是在特殊的地质变化过程中遗留下来的遗迹。生物会在生命过程中经历正常的生、老、病、死，然后经过生态系统的物质循环过程又重新回归自然。能够形成化石的机会和概率是非常少的，即使形成了化石且能够让生物学家挖掘发现出来的更是微乎其微。

其次，突然的地质变化只是锁定了某一时期地质年代断面上的物种分布和器官构造。

化石的存在只能证明物种进化过程中出现过某些物种的分布，决不能够依靠想象进行无限延伸。

二、放射性测量法也有一定的局限性

可以举一个常见的例子，比如中国的万里长城，假如取其中的某一石块进行C^{14}年代放射性测量法可能有上亿年的历史，但事实上，万里长城的修建只有几千年的历史。这种测量方法的不确定性就在于过于关注物体本身的局部构造而得出“一叶障目，不见森林”的结论，所以很可能形成误判。

在《科学杂志》等一些杂志的文章中指出了放射性测量法可能存在很大的误差。例如，测量一只仍然活着的软体动物，居然被C^{14}年代测定法认定有2300年之久。还有一只经过防腐保存的海狗死了大约30年，后用C^{14}年代测定法却断定它有4600年之久。此外，在美国有一群科学家用C^{14}年代测定法推算一只活生生的蜗牛的外壳年岁，结果是那只蜗牛已有27000岁。

《加拿大人类学杂志》（*Anthropological Journal of Canada*）曾发表一篇文章，标题为《放射性碳：错误的年代》。李·罗伯特（Robert Lee）在文中道出重点：“不可否认，放射性测量法所引发的困难既深远且严重……我们并不惊奇有一半按此方法测出来的年岁已被推翻；问题却是：为何其余的一半仍然被相信呢？”

所以，我们对用放射性半衰期测量法测量化石的地质年代持有保留的态度。不会盲目相信其科学性，而且更不能为了迎合进化论学说而刻意地赞同其实用性和科学性。

三、地球生物的大规模出现和灭绝推断

寒武纪是距今5.7亿年—5.1亿年前的一个地质时代。在这一时期，大约50个门的大量多细胞生物（包括几乎所有现生生物的祖先）快速出现，绝大多数无脊椎动物在很短的几百万年时间内就一起出现了，起先是寒武纪初小壳化石的爆发性发展，继之被大型带壳动物取代。这一时期，最繁荣的生物是节肢动物三叶虫，其次是腕足动物、古杯动物、棘皮动物和腹足动物，这些生物形态奇特，和地球上现在的生物极不相同。这就是著名的“寒武纪生命大爆发”，它是地球生命进程中最为快速、规模最为宏大、影响最为深远的一次绝无仅有的演化革新事件。

1984年7月，中国科学家在云南澄江帽天山发现了轰动世界的动物群化石，这就是距今约5.3亿年的一个多门类动物化石群——澄江动物化石群。在已采集到的5万余块动物化石标本中，不仅有大量的海绵动物、腔肠动物、腕足动物、软体动物和节肢动物，还有很多鲜为人知的珍稀动物及形形色色根本无法归类的化石，现今生存的各种动物，都能在这里找到其先驱代表。澄江动物化石群再次确证了“寒武纪生命大爆发”的事实，与澳大利亚埃迪

卡拉动物群、加拿大布尔吉斯动物群一起被古生物学家列为地球早期生命起源和演化实例的三大奇迹。

不仅生命的创生发展会突然发生，它的灭绝消亡也有相似的规律。

4.4亿年前，我们所知的第一次大灭绝席卷全球，那么多刚刚进化的生命——笔石、鹦鹉螺、三叶虫……它们正在一代又一代地向前奋进，却有一大半无情地被消灭。这就是“奥陶纪大灭绝”。

3.5亿年前，又一次大灭绝来了。这次大灭绝持续了约3000万年，造成地球海洋生物消失近半。这就是“泥盆纪大灭绝”。

2.5亿年前，大灭绝又来了。这是地球生物历史上最大规模的一次毁灭。当时90%的动物、海洋生物和植物从地球上消失了。这就是“二叠纪大灭绝”。

6500万年前的“白垩纪大灭绝”是最为著名的灭绝事件，因为恐龙在这次事件中彻底消失了。

在漫长的生命演化历史上，这样集群性灭绝的事件时有发生，自距今5.7亿年的寒武纪初以来，有人统计明显的生物突灭事件有15次，而上面列举的不过是其中最大的几次。

几千万年前的生物与现代生物没有任何可比性，这主要源于物种的不断进化，或者说由于自然环境、生态环境的不断变迁会引起物种的不断进化，物种的进化方向不同会使得物种器官组织、生理机能也不断地发展进化。所以，已发现的几千万年前的化石与今天的生物相比，通过器官组织结构解剖来判断亲缘关系，是没有任何意义的。这就好像在今天的中国人中找出纯种的

“汉族人”是多么艰难的事情，正是因为战争、灾难等导致人们不断地迁徙，还有民族的融合，都曾引起基因交流。

所以，化石只能断定某种物种的存在，或者说明某个时期已经存在某些类物种，但不能说明哪些是先出现的，哪些是后来进化来的，如某类低等生物也许进化了几亿年还基本保持原有的器官组织形态，而某些生物可能在短短的几千年或几万年就能形成一个独立的物种，从而生态位扩展遍布整个地球。

参考文献

[1] 赵亚华 . 分子生物学教程（第 2 版）[M]. 北京：科学出版社，2006.

[2] 潘瑞炽 . 植物生理学（第 5 版）[M]. 北京：高等教育出版社，2004.

[3] 陈小麟 . 动物生物学（第 3 版）[M]. 北京：高等教育出版社，2005.

[4] 吴相钰，陈守良，葛明德，等 . 普通生物学（第 4 版）[M]. 北京：高等教育出版社，2014.

[5] [英] 达尔文 . 物种起源 [M]. 周建人，等，译 . 北京：商务印书馆，2005.

[6] 杨秀平，肖向红，李大鹏 . 动物生理学（第 3 版）[M]. 北京：高等教育出版社，2016.

[7] [美]Lincoln Taiz, Eduardo Zeiger. 植物生理学（第 5 版）[M]. 宋纯鹏，等，译 . 北京：科学出版社，2015.

[8] 北京大学生命科学学院编写组 . 现代生命科学导论（公共课）[M]. 北京：高等教育出版社，2000.

[9] 吴庆余 . 基础生命科学（第 2 版）[M]. 北京：高等教育出版社，2006.

[10] 尚玉昌 . 动物行为学 [M]. 北京：北京大学出版社，2005.

[11] 潘大仁 . 细胞生物学 [M]. 北京：科学出版社，2007.

[12] 沈萍，陈向东 . 微生物学（第 8 版）[M]. 北京：高等教育出版社，2016.

后记

Afterword

读者看到这页的时候，就说明您已经看完整本书了。如果您是带着疑问和反驳的思路去阅读，相信您看到这里的时候收获会有不同。笔者也非常期待专家学者们用现有的或自己的思想理论试着来“推翻”本书的自然适应进化学说，希望在反驳这一学说的过程中，能为您的研究提供一些思路，同时也能理解作者创作本著作的不易。

作者的专业学识水平有限，往更专业的方面研究将变得更加艰难。更艰难的任务还是让更专业的专家学者们去研究和升华吧。

真诚地希望学术界的专家学者们能够提出宝贵的建议和意见，让本学说能够更丰满和成熟起来。

2022年10月